RECHERCHES THÉORIQUES

SUR LE

CHARGEMENT DES BOUCHES A FEU.

Extrait du *Mémorial des Poudres et Salpêtres*, t. I; 1882.

RECHERCHES THÉORIQUES

SUR LE

CHARGEMENT DES BOUCHES A FEU,

PRÉCÉDÉES DE DEUX MÉMOIRES

SUR

UNE FORMULE MONOME DES VITESSES DANS LES ARMES

ET SUR

UNE FORMULE DE LA PRESSION MAXIMUM,

Par M. ÉMILE SARRAU,

Ingénieur en chef des Poudres et Salpêtres.

PARIS,

GAUTHIER-VILLARS, IMPRIMEUR-LIBRAIRE

DU BUREAU DES LONGITUDES, DE L'ÉCOLE POLYTECHNIQUE,

SUCCESSEUR DE MALLET-BACHELIER,

Quai des Augustins, 55.

—

1882

FORMULE MONOME

DES

VITESSES DANS LES ARMES,

Par M. Émile SARRAU,

Ingénieur en chef des Poudres et Salpêtres.

1. La vitesse initiale obtenue dans une bouche à feu, avec une poudre déterminée, peut être considérée comme une fonction :

1° Du poids de la charge de poudre.................... ϖ
2° De la densité de chargement....................... Δ
3° De la longueur du parcours du projectile dans l'âme.. u
4° Du calibre... c
5° Du poids du projectile .... p

Si donc on admet que cette fonction soit proportionnelle, entre certaines limites, à une puissance de chacune des variables, on peut représenter empiriquement la vitesse v par une expression monôme de la forme

$$(1) \qquad v = H \frac{\varpi^\alpha \Delta^\beta u^\gamma c^\varepsilon}{p^\eta},$$

H étant une constante dépendant de la poudre, et α, β, γ, ε, η des exposants à déterminer par expérience.

2. La Commission de Gavre a déterminé depuis longtemps des valeurs de α, β, η qui permettent de calculer les variations de la vitesse avec une approximation qui suffit en général aux besoins de la pratique. Ces valeurs sont les suivantes :

$$(2) \qquad \alpha = \tfrac{3}{8}, \quad \beta = \tfrac{1}{4}, \quad \eta = \tfrac{4}{10}.$$

De plus, certaines expériences, où l'on se servait de poudres relativement vives par rapport au calibre (comme la poudre de Wetteren 13-16 dans le canon de 24^{cm}), conduisent à attribuer à l'exposant de u la valeur $\gamma = \frac{1}{8}$; mais, suivant une remarque de M. le lieutenant-colonel Desbordes ([1]), cette valeur devient égale à $\frac{1}{4}$ quand la poudre est lente (comme la poudre Wetteren 13-16 dans le canon de 10^{cm}), de sorte que l'exposant de u est d'autant plus grand que la poudre est plus lente.

La valeur de ε est encore inconnue. Il en résulte que, si les règles empiriques établies aujourd'hui suffisent au calcul des variations de la vitesse dans un même calibre, elles ne donnent aucune indication précise sur les vitesses obtenues avec la même poudre dans des calibres différents.

3. La théorie que j'ai développée précédemment ([2]) permet de combler cette lacune. Elle établit, en effet, trois relations entre les exposants, de sorte qu'il suffit d'en connaître deux pour en déduire les autres.

Ce résultat est d'autant plus important que la détermination empirique des exposants comporte une assez grande incertitude ([3]); l'erreur qui en résulte n'a pas en général d'effet sensible, tant qu'on ne veut qu'apprécier séparément l'influence de chacun des éléments du tir sur la vitesse, mais elle fausse la forme générale de la formule. Par exemple, une légère altération de l'exposant de p

---

([1]) *Mémorial de l'Artillerie de la Marine* : t. VII, p. 417.

([2]) *Mémorial de l'Artillerie de la Marine* : t. II, p. 1063; t. IV, p. 131; t. V, p. 129; t. VI, p. 161.

([3]) Si l'on admet entre la vitesse v et l'une quelconque des variables dont ell dépend une relation de la forme $v = k x^n$, la détermination de n exige au moins deux expériences donnant les valeurs v_0, v_1 de v correspondant aux valeurs x_0, x de la variable. On en déduit

$$n = \frac{\log v_1 - \log v_0}{\log x_1 - \log x_0} = \frac{\log\left(\dfrac{v_1}{v_0}\right)}{\log\left(\dfrac{x_1}{x_0}\right)},$$

expression dans laquelle le numérateur n'est connu qu'approximativement, en raison de l'erreur commise dans la mesure des vitesses.

Soit $\dfrac{v_1}{v_0} = z$; l'erreur dn correspondant à une erreur dz commise sur la valeur de z est

$$dn = \frac{1}{\log\left(\dfrac{x_1}{x_0}\right)} \frac{dz}{z},$$

équivaut, par suite de la similitude généralement observée dans les différents calibres, à l'introduction d'une puissance de la variable c, et l'on conçoit que l'influence propre de cette variable se trouve ainsi dissimulée.

Les relations établies par la théorie suppriment cette difficulté, et la formule qui en résulte représente, dans des limites étendues, les vitesses mesurées dans des armes de calibres différents.

Cette formule est moins exacte que la formule binôme que j'ai employée dans des recherches précédentes; mais l'approximation qu'elle fournit est encore très satisfaisante. Elle a, de plus, l'avantage de ne renfermer qu'une constante; par suite, dans les limites où elle est applicable, il suffit de connaître la vitesse dans une bouche à feu pour en conclure les vitesses obtenues dans d'autres armes avec la même poudre.

Voici comment on établit, très simplement, la formule dont il s'agit.

4. La théorie des effets de la poudre dans les bouches à feu

---

les logarithmes étant pris dans le système népérien. On a, par suite,

$$\frac{dn}{n} = \frac{1}{\log z}\,\frac{dz}{z}.$$

L'erreur relative de n est donc égale à l'erreur relative de z, multipliée par le facteur $\dfrac{1}{\log z}$, qui est en général plus grand que l'unité.

Par exemple, si, pour déterminer n, on dispose de deux vitesses dont le rapport soit égal à 2, on a $\log z = 0{,}301$, de sorte que l'erreur relative de n est supérieure au triple de l'erreur relative de z.

Inversement, cherchons l'erreur qui résulte, dans le calcul d'une vitesse, d'une erreur commise sur n. De la formule

$$v = v_0 \left(\frac{x}{x_0}\right)^n$$

on déduit, pour l'erreur dv correspondant à une erreur dn,

$$\frac{dv}{v} = \log\left(\frac{x}{x_0}\right) dn,$$

et comme, dans la pratique, $\log\left(\dfrac{x}{x_0}\right)$ est notablement plus petit que l'unité, une erreur commise sur l'exposant a généralement peu d'importance dans le calcul usuel des vitesses.

montre qu'une expression monôme représentant approximativement la vitesse initiale est nécessairement de la forme [1]

$$(3) \qquad v = B \left(\frac{fa\varpi}{\tau m} \right)^{\frac{1}{2}} \left(\frac{mz}{\omega p_0} \right)^{\frac{1-2\gamma'}{4}} \left(\frac{\tau}{\lambda} \right)^{\gamma'} \left(\frac{u}{z} \right)^{\gamma},$$

où l'on désigne par

B   un coefficient numérique,
f la force de la poudre [2],
a, λ deux coefficients dépendant de la forme du grain,
τ la durée de la combustion du grain sous la pression p_0,
ω la section droite de l'âme,
u la longueur du parcours du projectile dans l'âme,
ϖ le poids de la charge,
m la masse du projectile,
z la longueur réduite du vide initial [3].

Ce dernier élément a pour valeur

$$(4) \qquad z = \frac{\varpi}{\omega} \left(\frac{1}{\Delta} - \frac{1}{\delta} \right),$$

en désignant par

Δ la densité de chargement,
δ la densité de la poudre.

5. Désignons par

p le poids du projectile,
c le calibre ou diamètre de l'âme,
g l'accélération de la pesanteur.

---

[1] *Nouvelles recherches sur les effets de la poudre dans les armes* (*Mémorial de l'Artillerie de la Marine* : t. IV, p. 203).

[2] La *force* d'une poudre est la pression des gaz de l'unité de poids de cette poudre occupant, à la température de combustion, l'unité de volume.

[3] J'appelle *vide initial* la différence entre le volume de la chambre à poudre et celui de la poudre. La *longueur réduite* correspondante est la hauteur d'un cylindre ayant pour base la section droite de l'âme et pour volume celui du vide initial.

On a

$$m = \frac{p}{g}, \qquad \omega = \frac{\pi c^2}{4}.$$

Substituant ces valeurs dans l'expression (3) et remplaçant ς par sa valeur (4), il vient

$$(5) \qquad v = M \left(\frac{fa}{\tau} \right)^{\frac{1}{2}} \left(\frac{\tau}{\lambda} \right)^{\gamma} \frac{\varpi^{\alpha} u^{\gamma} c^{\varepsilon}}{p^{\gamma}} \left(\frac{1}{\Delta} - \frac{1}{\delta} \right)^{-\frac{\beta}{2}},$$

M étant une constante indépendante de tous les éléments du tir, et les exposants ayant les valeurs

$$(6) \qquad \begin{cases} \alpha = \tfrac{3}{4} - \dfrac{2\gamma + \gamma'}{2}, & \beta = 2\gamma + \gamma' - \tfrac{1}{2}, \\[2ex] \varepsilon = 2\gamma + 2\gamma' - 1, & \eta = \tfrac{1}{4} + \dfrac{\gamma'}{2}. \end{cases}$$

6. On réduit la formule (5) à une forme plus commode pour le calcul numérique en s'appuyant, comme je l'ai fait dans un autre travail ([1]), sur une remarque fort simple.

On sait que la valeur d'une fonction continue reste sensiblement stationnaire dans le voisinage d'un maximum.

Or, dans les conditions ordinaires de la pratique, le rapport $\frac{\Delta}{\delta}$ diffère peu de la valeur $\frac{1}{2}$, qui donne à la fonction $\frac{\Delta}{\delta} \left(1 - \frac{\Delta}{\delta} \right)$ sa plus grande valeur égale à $\frac{1}{4}$. On a donc, à peu près,

$$\frac{\Delta}{\delta} \left(1 - \frac{\Delta}{\delta} \right) = \frac{1}{4}$$

et, par suite,

$$(7) \qquad \frac{1}{\Delta} - \frac{1}{\delta} = \frac{1}{4} \frac{\delta}{\Delta^2}.$$

En ayant égard à cette relation approximative, on peut substituer au facteur $\left(\frac{1}{\Delta} - \frac{1}{\delta} \right)^{-\frac{\beta}{2}}$ de la formule (5) le produit de $\Delta^{\beta} \delta^{-\frac{\beta}{2}}$ par un facteur numérique que l'on peut comprendre dans la con-

---

([1]) *Addition au Mémoire sur les formules pratiques des vitesses et des pressions dans les armes* (*Mémorial de l'Artillerie de la Marine :* t. VI, p. 163).

stante M. Enfin, en posant

$$(8) \qquad H = M\delta^{-\frac{3}{2}}\left(\frac{fa}{\tau}\right)^{\frac{1}{2}}\left(\frac{\tau}{\lambda}\right)^{\gamma},$$

on obtient la formule de la vitesse sous la forme (1), savoir :

$$(9) \qquad v = H\frac{\varpi^\alpha \Delta^\beta u^\gamma c^\epsilon}{p^\eta},$$

H étant une constante dépendant de la poudre, et les exposants ayant les valeurs (6). Les exposants, au nombre de cinq, sont exprimés en fonction des deux paramètres γ et γ'.

7. Si l'on se donne $\alpha = \frac{3}{8}$, d'après les expériences de Gavre, on déduit de la première des relations (6)

$$(10) \qquad 2\gamma + \gamma' = \frac{3}{4}.$$

Il en résulte d'abord que l'exposant $\beta = 2\gamma + \gamma' - \frac{1}{2}$ se réduit à $\frac{1}{4}$, ce qui est bien conforme à la loi empirique admise par la Commission de Gavre.

De plus, la relation $2\gamma + \gamma' = \frac{3}{4}$ conduit aux valeurs

$$(11) \qquad \gamma' = \frac{3}{4} - 2\gamma, \quad \epsilon = \frac{1}{2} - 2\gamma, \quad \eta = \frac{5}{8} - \gamma.$$

En conséquence, la formule des vitesses peut se mettre sous la forme

$$(12) \qquad v = H\frac{\varpi^{\frac{3}{8}}\Delta^{\frac{1}{4}}u^\gamma c^{\frac{1}{2}-2\gamma}}{p^{\frac{5}{8}-\gamma}},$$

et il suffit de connaître γ pour la déterminer complètement.

8. Nous avons rappelé précédemment que la valeur de γ est d'autant plus grande que la poudre est plus lente.

Les valeurs $\frac{1}{8}$ et $\frac{1}{4}$ trouvées, la première avec une poudre très vive, la seconde avec une poudre très lente, correspondent à des cas extrêmes, et la valeur moyenne $\gamma = \frac{3}{16}$ peut être considérée comme approximativement applicable aux conditions normales de la pratique.

En admettant cette valeur, la formule des vitesses devient

$$(13) \qquad v = \mathrm{H}\, \frac{\varpi^{\frac{3}{8}} \Delta^{\frac{1}{4}} u^{\frac{3}{16}} c^{\frac{1}{8}}}{p^{\frac{7}{16}}}.$$

Dans la même hypothèse, la valeur (8) de la constante H se réduit à la suivante :

$$(14) \qquad \mathrm{H} = \mathrm{M}\, \delta^{-\frac{1}{8}} \left(\frac{fa}{\tau}\right)^{\frac{1}{2}} \left(\frac{\tau}{\lambda}\right)^{\frac{3}{8}}.$$

Dans les conditions habituelles de la pratique, la densité δ varie entre des limites assez restreintes. On peut, sans erreur sensible, négliger les variations correspondantes de $\delta^{\frac{1}{8}}$ et considérer ce facteur, réduit à sa valeur moyenne dans l'expression de H, comme une constante comprise dans M. La formule (14) est ainsi remplacée par celle-ci :

$$(15) \qquad \mathrm{H} = \mathrm{M} \left(\frac{fa}{\tau}\right)^{\frac{1}{2}} \left(\frac{\tau}{\lambda}\right)^{\frac{3}{8}}.$$

9. En supposant $\gamma = \frac{1}{4}$, on a une autre formule des vitesses qui correspond à l'emploi d'une poudre lente :

$$(16) \qquad v = \mathrm{H}\, \frac{\varpi^{\frac{3}{8}} \Delta^{\frac{1}{4}} u^{\frac{1}{4}}}{p^{\frac{3}{8}}}.$$

Dans ce cas, la valeur numérique de γ' est $\frac{1}{4}$, et la constante H, déduite de la relation (8), devient

$$(17) \qquad \mathrm{H} = \mathrm{M}\, \delta^{-\frac{1}{8}} \left(\frac{fa}{\tau}\right)^{\frac{1}{2}} \left(\frac{\tau}{\lambda}\right)^{\frac{1}{4}}.$$

Enfin, si l'on néglige, comme précédemment, la variation de $\delta^{\frac{1}{8}}$, on peut écrire simplement

$$(18) \qquad \mathrm{H} = \mathrm{M} \left(\frac{fa}{\tau}\right)^{\frac{1}{2}} \left(\frac{\tau}{\lambda}\right)^{\frac{1}{4}}.$$

10. Dans les conditions actuelles de la pratique, l'emploi de poudres très lentes est exceptionnel, et la formule (13) est généralement applicable. Nous avons vérifié cette formule en l'appli-

quant au tir des poudres usuelles dans des bouches à feu de calibres différents, avec des conditions différentes de chargement.

Pour opérer cette vérification, il faut connaître, pour chaque poudre, la valeur de la constante H, et il suffit, pour y parvenir, de mesurer la vitesse donnée par cette poudre dans une condition de tir déterminée. Nous avons choisi, pour cette condition spéciale, celle de l'épreuve réglementaire de réception, en prenant comme vitesse normale correspondante la moyenne des deux limites entre lesquelles la vitesse d'un lot doit être comprise, à l'épreuve, pour que ce lot soit de réception.

Les Tableaux ci-après (p. 16-20) résument les éléments et les résultats de la vérification.

11. *Tableau I* (p. 16). — Ce Tableau fait connaître le canon d'épreuve de chaque poudre et les conditions réglementaires du chargement. Il renferme, pour ces conditions spéciales, les valeurs particulières des cinq variables qui entrent dans la formule (13), savoir :

1. Le calibre ou diamètre de l'âme.................. c
2. La longueur du parcours du projectile dans l'âme. u
3. Le poids du projectile.......................... p
4. Le poids de la charge........................... ϖ
5. La densité de chargement........................ Δ

Les trois dernières colonnes font connaître les limites entre lesquelles la vitesse mesurée doit être comprise, avec la moyenne de ces limites adoptée comme vitesse normale.

En remplaçant dans la formule (13) les variables par les valeurs particulières qui sont relatives au tir d'épreuve de chaque poudre, et la vitesse v par la vitesse normale correspondante, on obtient la valeur numérique de H.

12. *Tableau II* (p. 17). — La colonne 1 donne, pour chaque poudre, le logarithme de la constante H, calculée ainsi qu'il est dit ci-dessus.

Les autres colonnes résument les données caractéristiques des poudres usuelles. Ces données, dont les unes résultent de mesures directes et les autres sont calculées en considérant le grain comme parallélipipédique à base carrée, sont les suivantes ([1]) :

2. Épaisseur du grain.. e
3. Nombre de grains au kilogramme .... N
4. Densité au mercure .... δ
5. Rapport des dimensions de la base à l'épaisseur............. x
6. Premier coefficient numérique dépendant de la forme du grain. a
7. Second coefficient numérique dépendant de la forme du grain. λ

Enfin, la colonne 8 fait connaître, sous la désignation τ, la durée de combustion de chaque espèce de grain rapportée à celle de la poudre W (13-16). Ce calcul a été fait comme il suit, avec les chiffres des colonnes précédentes.

Désignons par l'indice zéro les données relatives à W (13-16). On a, d'après la formule (15) :

$$H_0 = M \left(\frac{f_0 a_0}{\tau_0} \right)^{\frac{1}{2}} \left(\frac{\tau_0}{\lambda_0} \right)^{\frac{3}{8}};$$

pour une autre poudre, on a la relation analogue

$$H = M \left(\frac{fa}{\tau} \right)^{\frac{1}{2}} \left(\frac{\tau}{\lambda} \right)^{\frac{3}{8}}.$$

En divisant membre à membre les deux relations ci-dessus, on en déduit aisément

$$\frac{\tau}{\tau_0} = \left(\frac{fa}{f_0 a_0} \right)^4 \left(\frac{\lambda_0}{\lambda} \right)^3 \left(\frac{H_0}{H} \right)^8.$$

Les facteurs du second membre sont tous connus, excepté le rapport $\frac{f}{f_0}$. La force d'une poudre ne dépendant que du dosage

---

([1]) Le rapport x des dimensions de la base du grain à l'épaisseur se calcule en fonction de l'épaisseur, du nombre de grains au kilogramme et de la densité, par la formule

$$x = (N\delta)^{\frac{1}{3}} e^{\frac{2}{3}},$$

et les coefficients a et λ s'en déduisent par les relations

$$a = 1 + 2x, \quad \lambda = \frac{2x + x^2}{1 + 2x}.$$

[*Nouvelles recherches sur les effets de la poudre dans les armes* (*Mémorial de l'Artillerie de la Marine* : t. IV, p. 177 et 181).]

et du procédé de fabrication, ce rapport doit être réduit à l'unité pour toutes les poudres W. Nous avons fait la même supposition pour les autres poudres, bien qu'elles aient une composition un peu différente.

En effet, il semble qu'on ne puisse pas faire varier sensiblement par la composition la force des poudres au nitrate de potasse. Quand on modifie leur dosage, la chaleur de combustion et le volume des gaz varient notablement, mais l'expérience indique que le produit de ces deux éléments, qui mesure approximativement la force de la substance, varie très peu.

D'ailleurs, en se fondant sur l'emploi de la formule binôme des vitesses et sur les résultats d'expérience fournis par le tir des poudres des deux fabrications ([1]), on peut obtenir une évaluation approximative des forces, et la différence entre les deux nombres, inférieure à $\frac{1}{60}$ de leur valeur, est trop faible pour qu'il y ait lieu d'en tenir compte dans l'ordre d'approximation que comporte l'emploi de nos formules.

En supposant donc $f = f_0$, la relation précédente devient

$$(19) \qquad \frac{\tau}{\tau_0} = \left(\frac{a}{a_0} \right)^4 \left(\frac{\lambda_0}{\lambda} \right)^3 \left(\frac{H_0}{H} \right)^8,$$

et l'on en déduit, pour toutes les poudres, la valeur du rapport $\frac{\tau}{\tau_0}$, c'est-à-dire la durée de combustion du grain rapportée à celle de W (13-16) prise comme unité.

13. *Tableau III* (p. 18). — Les valeurs de II étant connues, on peut s'en servir pour calculer, à l'aide de la formule (13), les vitesses initiales produites dans diverses conditions de tir.

Le Tableau III résume le résultat du calcul pour des canons de divers calibres; il permet de comparer les vitesses mesurées et les vitesses calculées correspondantes. Ce Tableau montre que la formule monôme représente avec une exactitude très satisfaisante quatre-vingt-une conditions de tir très différentes dans des armes dont le calibre varie de 75^{mm} à 320^{mm}. L'écart moyen entre les

---

([1]) *Formules pratiques des vitesses et des pressions dans les armes* (*Mémorial de l'Artillerie de la Marine* : t. V, p. 447).

vitesses mesurées et calculées est de 3^m pour des vitesses dont la valeur varie de 300^m à 600^m.

Il importe de remarquer, dans l'appréciation des écarts, que pour chaque poudre l'épreuve de réception comporte une tolérance de 8^m ou 9^m sur la vitesse, et que des poudres qui donnent des vitesses différentes à l'épreuve donnent en général des vitesses encore plus différentes dans des armes de calibre inférieur à celui de l'éprouvette. On peut imputer à cette circonstance certaines discordances du Tableau.

14. *Remarques sur la relation qui existe entre la durée de combustion d'une poudre et ses propriétés physiques.* — Désignons, comme précédemment, par e, τ l'épaisseur d'un grain de poudre et sa durée de combustion sous une pression constante déterminée; soit w la vitesse de combustion correspondante. Ces éléments sont liés par la relation $e = 2w\tau$, et l'on a, par suite,

$$\tau = \frac{e}{2w}.$$

D'après les expériences de Piobert sur la combustion des galettes de matière ternaire comprimée, la vitesse de combustion serait, pour des matières d'un même mode de fabrication, en raison inverse de la densité; et l'on aurait, par suite, pour des grains ne différant que par la densité et l'épaisseur,

$$\tau = K\delta e,$$

K étant une constante.

Nous avions effectivement adopté cette relation et nous l'avions appliquée au calcul des caractéristiques d'une poudre d'après ses propriétés physiques ([1]); mais la série des valeurs de τ, déduites directement, par la méthode qui vient d'être exposée, du tir des différentes poudres dans les armes d'épreuve, montre que la formule ci-dessus n'est pas la représentation exacte de la loi suivant laquelle la durée de combustion d'un grain de poudre dépend de son épaisseur et de sa densité.

15. En effet, si l'on considère les poudres W (32-38) et

---

[1] *Formules pratiques des vitesses et des pressions dans les armes* (*Mémorial de l'Artillerie de la Marine* : t. V, p. 149).

W (25-30), dont les densités sont à très peu près égales, on voit que, le rapport des épaisseurs étant 1,50, celui des durées de combustion est 1,25.

Pour les poudres SP_3 et SP_2, le rapport des épaisseurs est 1,84 et celui des durées de combustion est 1,53.

On sait, d'autre part, que la densité est un élément qui, tous autres éléments restant constants, exerce une influence considérable sur les effets balistiques des poudres. Or, si la durée de combustion était proportionnelle à la densité, les vitesses données par des poudres de densités différentes varieraient, d'après les formules (13) et (14), en raison inverse de la puissance $\frac{1}{4}$ de la densité, et ce résultat est contraire aux expériences qui montrent que la variation de la vitesse est beaucoup plus rapide que celle que comporte cette loi.

En conséquence, on serait conduit à admettre que les durées de combustion croissent plus rapidement que les densités et moins rapidement que les épaisseurs.

16. Ce fait peut être le résultat du procédé de fabrication. Dans le mode actuellement usité, les galettes s'obtiennent en comprimant à la presse un mélange de grains et de poussier. Si la compression est telle que la densité du mélange soit supérieure à celle des grains qu'il renferme, la masse est sensiblement compacte et continue. Si le degré de compression décroît graduellement, l'agglomération devient de moins en moins parfaite, l'adhérence des grains et du poussier diminue et il s'établit, dans la masse, de petites fissures qui, lors de la combustion, facilitent la pénétration de la flamme. On conçoit enfin qu'il existe une limite de compression au-dessous de laquelle les grains constitutifs de la matière se séparent et brûlent simultanément dès les premiers instants de l'inflammation.

Il est évident que, entre cet état limite et celui à partir duquel la matière devient régulièrement continue, le degré de compression et, par suite, la densité moyenne correspondante doivent exercer une influence considérable sur la rapidité de la combustion, de sorte que la durée de cette combustion doit être considérée comme une fonction de la densité croissant très rapidement avec la variable.

D'autre part, les galettes obtenues à la presse ne sont pas homogènes, parce que les pressions exercées sur leurs faces ne se transmettent pas uniformément dans toute leur étendue. Par suite, la densité n'est pas constante dans l'intérieur d'un grain, et il peut en résulter, d'après ce qui précède, une variation notable de la vitesse de combustion. Si donc on veut appliquer, par approximation, à ces grains de structure variable les formules par lesquelles on représente habituellement la combustion des grains homogènes, on ne peut le faire qu'en introduisant une *vitesse moyenne* de combustion, et cette vitesse moyenne est une fonction de l'épaisseur.

De plus, si, comme il est probable, cette fonction croît avec la variable, la durée de combustion doit varier moins rapidement que l'épaisseur.

On voit ainsi comment les conditions du galetage, et plus généralement de toutes les opérations de la fabrication qui modifient la contexture du grain, interviennent dans la relation qui existe entre la durée de combustion, la densité et l'épaisseur.

17. Une formule empirique, représentant avec quelque approximation la relation dont il s'agit, serait d'une grande importance pour les applications. Il faudrait, pour l'obtenir, entreprendre des expériences spéciales.

A défaut de données plus précises, nous adopterons provisoirement la formule

$$(20) \qquad \tau = K \left(\frac{e}{1,875 - \delta} \right)^{\frac{1}{2}},$$

dans laquelle le coefficient K change avec le mode de fabrication. A ce point de vue, les poudres mentionnées dans le Tableau II se partagent en trois catégories, auxquelles correspondent trois valeurs différentes de K, savoir :

$$1°\ \text{Poudres W} \ldots\ldots\ldots\ldots\ldots\ldots\ldots\ 0,915$$
$$2°\ \text{Poudres C et SP} \ldots\ldots\ldots\ldots\ldots\ 0,665$$
$$3°\ \text{Poudre AS} \left(\tfrac{30}{40}\right) \ldots\ldots\ldots\ldots\ 0,860$$

(l'unité de longueur étant le décimètre.)

18. Le Tableau ci-après permet de comparer, pour les poudres

des deux premières catégories, les durées de combustion déduites
du tir avec les durées calculées par la formule (20).

DÉSIGNATION des poudres.	DURÉES DE COMBUSTION		DIFFÉRENCES.
	déduites du tir.	calculées par la formule.	
W (13-16)...	1,000	0,872	+ 0,028
W (20-25)...	1,292	1,294	— 0,002
W (25-30)...	1,546	1,547	— 0,001
W (32-38)...	1,942	1,966	— 0,024
C_1.........	0,511	0,470	+ 0,041
C_4.........	0,554	0,555	— 0,001
SP_1........	0,714	0,722	— 0,008
SP_2........	0,932	0,934	— 0,002
SP_3........	1,423	1,442	— 0,019

L'écart n'est sensible que pour les poudres W (13-16) et C_1, et
il s'explique, pour la première de ces poudres, par quelques diffé-
rences dans le mode de fabrication La formule semble donc fournir
une interpolation assez satisfaisante; néanmoins, en l'absence de
vérifications suffisamment nombreuses, il convient de ne l'employer que sous réserves.

19. Il n'est pas inutile d'expliquer par suite de quelle circonstance la formule $\tau = K\delta e$, reconnue inexacte, a cependant donné
des résultats satisfaisants dans les applications que nous en avons
faites au calcul numérique des vitesses.

Cette formule exagère l'influence de l'épaisseur et atténue celle
de la densité; les erreurs partielles qui en résultent peuvent donc
se compenser lorsque les deux variables varient ensemble dans le
même sens. C'est ce qui avait lieu pour toutes les poudres considérées dans nos vérifications. De plus, ces poudres fonctionnaient
comme poudres *vives* dans les conditions, déjà anciennes, de leur
emploi, et, par suite, des erreurs notables sur les durées de combustion étaient sans influence sensible sur les vitesses.

L'inexactitude de la formule s'est, au contraire, nettement manifestée dans d'autres cas, postérieurement réalisés, où l'épaisseur du grain a varié sans variation correspondante de la densité, et dans des conditions de tir où les poudres fonctionnaient comme poudres *lentes*.

En fait, si l'on veut calculer approximativement la durée de combustion d'une poudre d'après ses propriétés physiques, il y a lieu d'employer à cet effet la formule (20). Mais, comme cette formule n'est pas encore suffisamment établie et qu'on ignore d'ailleurs la loi suivant laquelle le coefficient K change avec le dosage et la fabrication, il sera en général indispensable de déduire la valeur de τ de la mesure même des effets balistiques. Il suffit, pour obtenir ce résultat, de mesurer la vitesse correspondant à une seule condition de tir. On en déduit H par la formule (13) et on calcule ensuite τ par la formule (19).

On peut, en vue des applications, remplacer dans cette dernière formule les facteurs de la poudre W (13-16) par leurs valeurs numériques, et, en faisant $\tau_0 = 1$, on a la valeur suivante de τ :

$$(21) \qquad \tau = N a^4 \lambda^{-3} H^{-8}, \quad \log N = 27,95399.$$

Il ne faut pas perdre de vue que la formule (13) peut cesser d'être applicable quand la poudre fonctionne dans l'éprouvette comme poudre lente. La méthode qui vient d'être exposée comporte donc une certaine incertitude, qui né peut être levée que par l'emploi de la formule binôme des vitesses. Nous reviendrons sur ce point dans un prochain travail.

TABLEAU I.

DÉSIGNATION		$c.$	$u.$	$p.$	$\varpi.$	$\Delta.$	VITESSE INITIALE		
de la poudre.	du canon d'épreuve.	1.	2.	3.	4.	5.	inférieure.	supérieure.	moyenne.
		dm	dm	kg	kg		m	m	m
W (13-16).	24^{cm}	2,42	38,2	144	28,00	0,800	436,5	445,5	441
W (20-25).	27^{cm}	2,76	41,0	216	42,00	0,800	427,5	436,5	432
W (25-30).	32^{cm}	3,22	51,6	345	68,50	0,783	435,5	444,5	440
W (32-38).	32^{cm}	3,22	51,6	345	78,00	0,904	459,5	468,5	464
C$_1$	90^{mm}	0,91	16,7	8	1,90	0,680	451,0	459,0	455
C$_2$	90^{mm}	0,91	18,0	8	1,75	0,900	465,0	475,0	470
SP$_1$	155^{mm}	1,56	32,2	40	8,75	0,685	455,0	463,0	459
SP$_2$	24^{cm}	2,42	38,2	144	28,00	0,800	436,5	445,5	441
SP$_3$	24^{cm}	2,42	38,2	144	32,00	0,914	452,0	460,0	456
AS ($\frac{30}{40}$) . . .	32^{cm}	3,22	51,6	345	78,00	0,904	460,5	469,5	465

Observations relatives au Tableau I. — Les conditions d'épreuve résumées dans ce Tableau doivent être considérécs comme provisoires. Bien qu'elles soient presque toutes actuellement réglementaires, elles seront sans doute prochainement modifiées, par suite de la tendance, qui se généralise de plus en plus, à utiliser les poudres de l'approvisionnement dans des pièces de calibre inférieur à celui de l'éprouvette primitivement adoptée.

TABLEAU II.

DÉSIGNATION de la poudre.	$\log H$.	e.	N.	δ.	x.	a.	λ.	τ.
1.	1.	2.	3.	4.	5.	6.	7.	8.
W (13-16).	3,72566	0,100	350	1,765	0,786	2,572	0,851	1,000
W (20-25).	3,71482	0,160	106	1,795	0,883	2,766	0,920	1,292
W (25-30).	3,70586	0,200	57	1,805	0,907	2,814	0,937	1,546
W (32-38).	3,69369	0,300	17,3	1,810	0,920	2,840	0,945	1,942
C_1	3,76631	0,065	1750	1,745	0,916	2,832	0,943	0,511
C_2	3,75722	0,080	650	1,760	0,766	2,532	0,836	0,554
SP_1	3,74399	0,100	350	1,790	0,792	2,584	0,856	0,714
SP_2	3,72566	0,128	105	1,810	0,631	2,262	0,734	0,932
SP_3	3,70349	0,235	19	1,825	0,672	2,344	0,766	1,423
AS ($\frac{30}{40}$) ...	3,69462	0,300	13,7	1,805	0,800	2,600	0,862	1,783

Observations relatives au Tableau II. — Les poudres W sont des poudres triturées aux meules, à l'ancien dosage de guerre :

$$\begin{aligned}
&\text{Salpêtre} \ldots\ldots\ldots && 75,0 \\
&\text{Soufre} \ldots\ldots\ldots && 12,5 \\
&\text{Charbon} \ldots\ldots\ldots && 12,5
\end{aligned}$$

Les poudres C et SP sont également fabriquées par les meules; elles sont au dosage anglais :

$$\begin{aligned}
&\text{Salpêtre} \ldots\ldots\ldots && 75 \\
&\text{Soufre} \ldots\ldots\ldots && 10 \\
&\text{Charbon} \ldots\ldots\ldots && 15
\end{aligned}$$

La poudre AS ($\frac{30}{40}$), fabriquée spécialement pour l'artillerie de la Marine, se distingue des poudres C et SP par une réduction dans la durée de la trituration par les meules.

S.

TABLEAU III.

| DÉSIGNATION | | $c.$ | $u.$ | $p.$ | $\varpi.$ | $\Delta.$ | VITESSES | | DIFFÉRENCES. |
de la poudre.	du canon.	1.	2.	3.	4.	5.	mesurées.	calculées.	
W (13-16).	Canon de 24ᶜᵐ..	2,42	38,2	144	28	0,800	441	441	»
		2,42	34,4	144	28	0,798	432	432	»
		»	»	»	16	0,456	307	305	+2
		»	»	120	28	0,798	467	468	—1
		»	»	»	16	0,456	332	330	+2
		»	»	96	28	0,798	512	516	—4
		»	»	»	16	0,456	363	364	—1
W (13-16).	Canon de 19ᶜᵐ..	1,94	30,0	76	15	0,991	453	452	+1
		»	»	62,5	15	0,991	492	493	—1
		1,94	32,9	75	15	0,870	448	448	»
W (13-16).	Canon de 16ᶜᵐ..	1,66	27,3	45	9,5	1,026	475	466	+9
		»	»	38,25	9,5	1,026	508	501	+7
		»	»	31	9,5	1,026	554	549	+5
		1,66	30,2	45	9,5	0,980	475	470	+5
W (13-16).	Canon de 14ᶜᵐ..	1,41	27,0	21	4,2	0,970	455	461	—6
		»	»	28	4,2	0,970	406	407	—1
		1,41	25,6	21	6,05	1,000	530	528	+2
		»	»	28	6,05	1,000	470	466	+4
W (13-16).	Canon de 10ᶜᵐ..	1,00	22,6	12	3,10	0,960	485	486	—1
		1,00	21,7	12	4,40	0,997	556	556	»
		»	»	10	4,40	0,997	594	602	—8
W (20-25).	Canon de 27ᶜᵐ..	2,76	41,0	216	42	0,800	432	432	»
		»	»	180	42	0,800	470	468	+2
W (20-25).	Canon de 24ᶜᵐ..	2,42	38,2	144	31,25	0,893	469	461	+8
		2,42	35,9	144	37	0,800	476	472	+4
W (20-25).	Canon de 19ᶜᵐ..	1,94	32,9	75	16,4	0,952	470	463	+7
		1,94	30,7	75	22,5	0,939	516	513	+3
		»	»	62,5	22,5	0,939	553	555	—2
W (20-25).	Canon de 16ᶜᵐ..	1,66	28,5	45	14,8	0,912	520	526	—6
W (25-30).	Canon de 32ᶜᵐ..	3,22	51,6	345	68,5	0,793	440	440	»
		»	»	286,5	68,5	0,793	475	477	—2

TABLEAU III (suite).

| DÉSIGNATION | | $c.$ | $u.$ | $p.$ | $\varpi.$ | $\Delta.$ | VITESSES | | DIFFÉRENCES. |
de la poudre.	du canon.	1.	2.	3.	4.	5.	mesurées.	calculées.	
W (25-3o).	Canon de 27^cm..	2,76	43,7	252	6o	0,919	479	474	+5
		»	»	216	6o	0,919	512	5o8	+4
		»	»	18o	6o	0,919	545	549	—4
		2,76	36,6	216	58,7	0,872	478	48o	—2
W (25-3o).	Canon de 24^cm..	2,42	38,2	144	34	0,971	475	475	»
		2,42	35,9	144	41,5	0,894	5o2	496	+6
		»	»	120	37	0,797	5o2	5o1	+1
W (25-3o).	Canon de 19^cm..	1,94	29,5	75	27,4	0,988	535	543	—8
W (32-38).	Canon de 32^cm..	3,22	51,6	345	78	0.9o4	465	465	»
W (32-38).	Canon de 27^cm..	2,76	38,1	216	66,5	0,899	5o1	497	+4
		»	»	18o	59,5	0,8o4	5o5	5o1	+4
C_1........	Canon de 95^mm..	0,96	19,6	10,9	2,10	0,795	443	443	»
C_1...... ..	Canon de 9o^mm..	0,91	16,7	8	1,90	0,68o	455	455	»
C_1........	Canon de 7.....	0,86	16,3	7	1,14	0,7oo	396	396	»
C_1......	Canon de 8o^mm..	0,8o5	17,1	5,6	1,5o	0,723	490	489	+1
		0,8o5	9,6	5,6	0,4o	0,65o	265	26o	+5
C_1.	Canon de 5.....	0,76	16,4	4,8	0,88	0,68o	420	416	+4
C_1	Canon de 75^mm..	0,76	18,5	5	1,425	0,8o8	528	526	+2
		0,76	15,5	5	1,425	0,8o8	510	5o9	+1
C_2........	Canon de 95^mm..	0,96	24,0	9,130	1,73	0,6o9	432	425	+7
		»	»	8,445	1,63	0,574	426	424	+2
C_2........	Canon de 9o^mm..	0,91	18,0	8,0	1,5o	0,888	449	445	+4
		»	»	6,5	1,5o	0,888	485	487	—2
		0,91	21,6	10,9	2,4o	0,734	449	454	—5
		»	»	9,6	2,5o	0,765	485	492	—7
C_2........	Canon de 8o^mm..	0,8o5	17,1	5,6	1,5o	0,723	485	478	+7
SP_1.......	Canon de 155^mm.	1,56	32,2	4o	8,75	0,685	459	459	»
SP_1.......	Canon de 138^mm.	1,39	24,5	23,57	3,8o	0,647	4oo	392	+8

TABLEAU III (fin).

| DÉSIGNATION | | $c.$ | $u.$ | $p.$ | $\varpi.$ | $\Delta.$ | VITESSES | | DIFFÉRENCES. |
de la poudre.	du canon.	1.	2.	3.	4.	5.	mesurées.	calculées.	
SP$_1$.......	Canon de 120^{mm}.	1,21	29,0	16,32	4,15	0,736	504	498	+6
		»	»	18,25	3,75	0,665	450	445	+5
		1,21	24,8	18,0	4,50	0,745	480	479	+1
		1,21	19,0	16,32	2,80	0,754	403	399	+4
		»	»	18,25	2,42	0,651	352	347	+5
SP$_1$.......	Canon de 10^{cm}..	1,01	23,6	12	2,20	1,040	459	460	—1
		»	»	10	2,20	1,040	499	498	+1
SP$_2$.......	Canon de 24^{cm}..	2,42	38,2	144	28	0,800	441	441	»
SP$_2$.......	Canon de 155^{mm}.	1,56	32,2	40	9	0,703	450	448	+2
		»	»	»	12	0,937	532	536	—4
SP$_3$.......	Canon de 14^{cm}..	1,41	27,0	21	4,1	1,040	460	466	—6
		»	»	28	4,1	1,040	411	411	»
		1,41	26,5	21	6,05	1,000	523	528	—5
		»	»	28	6,05	1,000	467	466	+1
SP$_3$.......	Canon de 10^{cm}..	1,00	22,6	12	3,20	0,986	494	496	—2
		»	»	12	2,20	0,684	395	393	+2
SP$_3$.......	Canon de 32^{cm}..	3,22	51,6	345	69	0,800	441	436	+5
SP$_3$.......	Canon de 27^{cm}..	2,76	41,0	216	46	0,859	449	454	—5
SP$_3$.......	Canon de 24^{cm}..	2,42	38,2	144	32	0,914	456	456	»
AS $\left(\frac{30}{40}\right)$...	Canon de 32^{cm}..	3,22	51,6	345	78	0,904	465	465	»
AS $\left(\frac{10}{40}\right)$...	Canon de 27^{mm}..	2,76	38,1	216	64,5	0,876	490	489	+1
AS $\left(\frac{10}{40}\right)$...	Canon de 24^{cm}..	2,42	38,2	144	32	0,914	450	447	+3

Paris, 20 mars 1881.

FORMULE

DE LA

PRESSION MAXIMUM DANS LES ARMES,

Par **M. Émile SARRAU**,

Ingénieur en chef des Poudres et Salpêtres

1. Nous avons donné, dans un Mémoire précédent ([1]), une formule de la pression maximum dans les armes. Cette formule est la suivante :

$$(1) \qquad P = K \frac{fa}{\tau} \frac{\Delta(p\varpi)^{\frac{1}{2}}}{c^2},$$

en désignant par

P la pression maximum,
f la force de la poudre,
a un coefficient numérique dépendant de la forme du grain,
τ la durée de la combustion du grain sous la pression normale,
Δ la densité de chargement,
p le poids du projectile,
ϖ le poids de la charge,
c le calibre ou diamètre de l'âme,
K un coefficient indépendant de toutes les variables du tir.

2. Cette valeur a été obtenue en cherchant le maximum de l'accélération du projectile. Elle représente donc le maximum de la pression exercée sur le culot du projectile, et, pour qu'elle représentât le maximum de la pression en un point quelconque de la paroi de la chambre à poudre, il faudrait que la pression fût uniforme dans toute l'étendue des produits de la combustion de la charge. La pression varie, au contraire, suivant une loi inconnue

---

([1]) *Formules pratiques des vitesses et des pressions dans les armes* (*Mémorial de l'Artillerie de la Marine* : t. V, p. 140).

et sans doute assez complexe, d'un point à un autre de la masse de ces produits ; et, par suite, la formule (1), même en changeant la valeur de la constante, peut ne pas être l'expression exacte de la loi suivant laquelle la pression maximum en un point de la paroi varie avec les divers éléments du tir.

Effectivement, si l'on contrôle cette formule en comparant les valeurs qu'elle fournit aux résultats des expériences, on trouve que, si elle représente avec assez d'exactitude l'allure générale du phénomène, elle présente cependant quelques incorrections (¹) et, notamment, qu'elle exagère l'influence du poids du projectile et atténue celle du poids de la charge.

Ce résultat peut s'expliquer à l'aide de quelques considérations fort simples qui mettent, en même temps, sur la voie de la modi-

---

(¹) Dans ses Leçons professées à l'École d'Application de l'Artillerie et du Génie, M. le commandant Lachèvre a bien voulu mentionner nos formules de balistique intérieure, et celle que nous avons proposée pour la pression maximum lui « paraît critiquable dans sa forme, même au point de vue théorique (*) », pour les motifs suivants : « Des expériences montrent que la pression croît beaucoup moins vite que la racine carrée du poids du projectile, et il est évident qu'elle ne peut croître indéfiniment avec lui, puisqu'elle a pour limite supérieure la pression en vase clos relative à la densité de chargement. »

Nous avons, en effet, reconnu que la pression, mesurée en un point de la paroi, croît moins vite que la pression théorique, et la modification qu'il y a lieu d'apporter à celle-ci pour faire disparaître cet écart constitue précisément l'objet de ce travail. Mais la seconde partie de l'objection disparaît quand on se reporte aux considérations théoriques qui servent de base à la formule (**).

En effet, l'expression adoptée est le premier terme d'une série ordonnée suivant les puissances croissantes du poids p du projectile ; cette approximation peut suffire dans les conditions ordinaires de la pratique, mais, avant de se servir de la série pour trouver la limite vers laquelle tend la pression maximum pour des valeurs croissantes de p, il faut s'assurer que la série reste convergente ; il ne faut pas, dans tous les cas, la réduire à son premier terme.

En général, l'intégrale d'une équation différentielle ne peut être développée en série suivant une forme déterminée qu'à la condition de maintenir la variable entre certaines limites, et il n'y a rien à conclure, quant à la validité du mode de représentation, d'une particularité offerte par la fonction pour des valeurs de la variable extérieure à ces limites.

En fait, l'équation différentielle admise dans nos recherches donne la pression en vase clos comme la limite de la pression maximum, et il est évident que l'expression complète de l'intégrale doit remplir la même condition.

(*) *Cours d'Artillerie*, Leçons professées et rédigées par M. R. Lachèvre ; Fontainebleau, septembre 1877, p. 132.

(**) *Nouvelles recherches sur les effets de la poudre dans les armes* (*Mémorial de l'Artillerie de la Marine* : t. IV, p. 187 et suiv.).

fication qu'il y a lieu de faire subir à la formule (1) pour représenter la pression en un point quelconque de la paroi.

3. Soit, à un instant quelconque du mouvement, une section S perpendiculaire à l'axe du canon et située entre le fond de l'âme et le culot du projectile. Considérons le système matériel formé par les produits de la combustion compris entre le plan S et le projectile.

D'après un théorème connu, la somme des produits des masses de ce système par leurs accélérations estimées suivant l'axe du canon est égale à la somme des forces extérieures projetées sur cet axe.

Les forces extérieures sont la pression totale exercée sur S et la réaction du projectile sur les gaz de la poudre. Si donc l'on désigne par

y la pression (par unité de surface) sur le culot du projectile,

y_0 la pression sur la section S,

ω la section droite de l'âme (supposée constante dans toute sa longueur),

μ la masse de la portion de la charge située en avant de la section S,

$d\mu$ un élément quelconque de la masse μ,

w l'accélération de l'élément $d\mu$ estimée suivant l'axe du canon,

on a, d'après le théorème précédent,

$$(2) \qquad (y_0 - y)\omega = \int w\, d\mu,$$

de sorte que, à chaque instant, la différence entre la pression exercée sur une tranche quelconque et la pression exercée sur le culot du projectile est proportionnelle à la somme des produits des masses placées en avant de cette tranche par leurs accélérations respectives.

4. L'intégrale $\int w\, d\mu$ est égale au produit de la masse μ par une *moyenne* entre les accélérations w. Désignons par θ le rapport de cette accélération moyenne à l'accélération du projectile. La valeur de celle-ci s'obtient en divisant par la masse m du projectile la force $y\omega$ qui lui est appliquée. On peut donc poser

$$\int w\, d\mu = \theta \frac{\mu y \omega}{m},$$

et, par suite, la relation (2) devient

$$(3) \qquad v_0 = y\left(1 + \theta\,\frac{\mu}{m}\right).$$

La valeur de θ est inconnue. Elle varie, à chaque instant, avec la position de la tranche considérée et sans doute aussi avec toutes les variables du chargement. On sait cependant qu'elle est positive. En effet, les vitesses de la presque totalité des éléments de la charge croissent avec le temps ; par suite, l'accélération moyenne de ces éléments est positive, et il en est de même pour le coefficient θ proportionnel à cette accélération. On doit donc considérer le rapport $\frac{y_0}{y}$ comme une fonction croissante de $\frac{\mu}{m}$.

5. L'usage se généralise, dans les expériences, de mesurer les pressions à la culasse. Si l'on suppose que la section S coïncide avec le fond de l'âme, les considérations précédentes conduisent à admettre que le rapport de la pression maximum sur la culasse à la pression maximum sur le projectile croît avec le rapport $\frac{\varpi}{p}$ du poids de la charge au poids du projectile. Par suite, la pression à la culasse doit varier plus rapidement avec ϖ et moins rapidement avec p que ne l'indique la formule (1), qui représente, d'après la théorie, la pression exercée sur le projectile.

6. Désignons par P_0 et P les pressions maxima sur la culasse et sur le projectile. On peut poser, d'après ce qui précède,

$$P_0 = P\left(1 + \theta\,\frac{\varpi}{p}\right),$$

et essayer de représenter les résultats d'expériences en attribuant à θ une valeur constante.

Dans cette hypothèse, en remplaçant P par sa valeur (1), on aurait une expression de la forme

$$(4) \qquad P_0 = K\left(1 + \theta\,\frac{\varpi}{p}\right)\frac{fa}{\tau}\,\frac{\Delta(p\varpi)^{\frac{1}{2}}}{c^2},$$

les coefficients K et θ devant être déterminés par expérience.

En opérant ainsi, on trouve qu'il est nécessaire, pour accorder les résultats du calcul avec les indications des appareils crushers, d'attribuer à θ une valeur supérieure à l'unité. Si donc il n'existe pas de causes, autres que celle que nous avons signalée, qui concourent à modifier la formule primitive, il faudrait en conclure que, au moment où se produisent les maxima de pression, l'accélération moyenne des produits de la combustion est plus grande que l'accélération du projectile.

Les expériences où l'on a mesuré les pressions en faisant varier notablement les poids de la charge et du projectile ne sont pas nombreuses. Voici cependant quelques vérifications qui semblent indiquer que la formule (4) représente assez bien les variations de P_0, en prenant $\theta = \frac{3}{2}$.

TABLEAU I.

DÉSIGNATION		$p.$	$\varpi.$	P_0		DIFFÉRENCES.
du canon.	de la poudre.			mesuré.	calculé.	
24^{cm}	W (13-16)...	96	28	23,2	23,2	»
		120	28	24,0	24,4	— 0,4
		144	28	25,6	25,5	+ 0,1
155^{mm}......	SP$_4$.	40	9	15,4	15,4	»
		40	10	18,5	18,5	»
		40	11	23,8	21,9	+ 1,9
		40	12	27,0	25,7	+ 1,3
90^{mm}..	SP$_1$	8	1,90	13,9	13,9	»
		8	2,02	15,3	15,5	— 0,2
		8	2,40	21,8	21,1	+ 0,7
		8	2,60	25,4	24,4	+ 1,0
80^{mm}.......	SP$_1$........	5,6	1,7	18,5	18,5	»
		5,6	1,8	21,1	20,5	+ 0,6
		5,6	1,9	23,1	22,7	+ 0,4
		5,6	2,0	25,9	24,9	+ 1,0
80^{mm}.......	SP$_2$..	5,6	1,7	12,4	12,4	»
		5,6	1,8	13,8	13,8	»
		5,6	1,9	15,7	15,2	+ 0,5
		5,6	2,0	16,8	16,7	+ 0,1

Observations relatives au Tableau I. — Les pressions sont évaluées en kilogrammes par millimètre carré.

Dans le canon de 24^{cm}, les mesures ont été faites par la Commission de Gâvre. Dans les autres bouches à feu, les mesures (faites dans le voisinage de la culasse avec des crushers placés à la paroi cylindrique de la chambre à poudre) proviennent d'expériences entreprises par la Commission centrale de réception des poudres de guerre à Versailles.

Les pressions ont été calculées, dans chaque groupe, en prenant pour base la plus faible pression du groupe et en supposant, suivant la formule (4), que, dans une même arme, la pression croît, lorsque p et ϖ varient, comme la fonction $\left(1 + \dfrac{3}{2}\dfrac{\varpi}{p}\right)\varpi^{\frac{3}{2}}p^{\frac{1}{2}}$.

L'examen de l'écart entre les pressions mesurées et calculées, pour des charges variables, conduirait à supposer que la pression croît avec la charge un peu plus rapidement que ne l'indique la formule. Cet écart s'est même accentué dans d'autres expériences où la poudre employée était très vive; mais il est possible que cet effet soit dû à l'existence de pressions locales dont l'évaluation échappe à toute analyse. On pourrait rendre la concordance plus parfaite en prenant la valeur de θ supérieure à $\frac{3}{2}$; mais nous préférons garder cette valeur qui représente très bien les résultats constatés avec des poids différents du projectile.

7. En admettant la valeur $\frac{3}{2}$, la formule (4) ne renferme qu'une seule constante K, et il suffit, pour la déterminer, de mesurer la valeur de P_0 dans une condition particulière de chargement.

Nous prendrons pour cette condition celle de l'épreuve réglementaire de la poudre W (13-16). Les données sont alors les suivantes :

1° *Poudre.* — Conformément à ce qui a été fait dans un précédent Mémoire ([1]), nous supposerons $f = 1$ et $\tau = 1$ pour cette poudre. La valeur du coefficient a, déduite, par la règle connue (p. 9), de la densité, de l'épaisseur et du nombre de grains au kilo-

---

([1]) *Mémoire sur une formule monôme des vitesses initiales* (p. 9 et 15).

gramme, a été trouvée égale à $2,572$, et l'on a, par suite, pour W $(13\text{-}16)$,

$$f = 1, \quad \tau = 1, \quad a = 2,572.$$

$2°$ *Bouche à feu.* — Les éléments du tir sont les suivants (unités : kilogramme, décimètre) :

$$c = 2,42, \quad p = 144, \quad \varpi = 28, \quad \Delta = 0,800.$$

$3°$ *Pression à la culasse.* — La moyenne des mesures faites, avec des crushers de culasse, dans les épreuves de réception d'un très grand nombre de lots, est de 2640^{kg} par centimètre carré. Par suite, en prenant le décimètre pour unité, la valeur de P_0 est

$$P_0 = 264\,000.$$

En portant ces diverses valeurs dans la relation (4) et prenant $\theta = \frac{3}{2}$, on en déduit

$$\log K = 3,96197.$$

8. Il y a avantage, dans les applications, à substituer à la formule (4) une expression monôme que l'on obtient en remarquant qu'une fonction croissante peut, entre certaines limites, être considérée comme sensiblement proportionnelle à une puissance positive de la variable. On peut donc supposer le rapport $\frac{P_0}{P}$ proportionnel à $\left(\frac{\varpi}{p}\right)^{\gamma}$ et écrire, en conséquence,

$$(5) \qquad P_t = K_0 \left(\frac{\varpi}{p}\right)^{\gamma} \frac{fa}{\tau} \frac{\Delta(p\varpi)^{\frac{1}{2}}}{c^2}.$$

Le Tableau de vérification ci-après, analogue au Tableau I, a été établi en supposant $\gamma = \frac{1}{4}$.

TABLEAU II.

DÉSIGNATION		$p.$	$\varpi.$	P_0		DIFFÉRENCES.
du canon.	de la poudre.			mesuré.	calculé.	
24^{cm}....	W (13-16)...	96	28	23,2	23,2	»
		120	28	24,0	24,5	— 0,5
		144	28	25,6	25,7	— 0,1
155^{mm}.......	SP_2........	40	9	15,4	15,4	»
		40	10	18,5	18,5	»
		40	11	23,8	21,8	+ 2,0
		40	12	27,0	25,4	+ 1,6
90^{mm}.......	SP_1........	8	1,90	13,9	13,9	»
		8	2,02	15,3	15,5	— 0,2
		8	2,40	21,8	20,9	+ 0,9
		8	2,60	25,4	24,1	+ 1,3
80^{mm}.......	SP_1........	5,6	1,7	18,5	18,5	»
		5,6	1,8	21,1	20,5	+ 0,6
		5,6	1,9	23,1	22,5	+ 0,6
		5,6	2,0	25,9	24,6	+ 1,3
80^{mm}.......	SP_2........	5,6	1,7	12,4	12,4	»
		5,6	1,8	13,8	13,7	+ 0,1
		5,6	1,9	15,7	15,1	+ 0,6
		5,6	2,0	16,8	16,5	+ 0,3

La vérification étant satisfaisante, on peut adopter la formule

$$(6) \qquad P_0 = K_0 \left(\frac{\varpi}{p}\right)^{\frac{1}{4}} \frac{fa}{\tau} \frac{\Delta(p\varpi)^{\frac{1}{2}}}{c^2},$$

et la mettre sous la forme

$$(7) \qquad P_0 = K_0 \frac{fa}{\tau} \frac{\Delta\varpi^{\frac{3}{4}}p^{\frac{1}{4}}}{c^2}.$$

En déterminant enfin la constante à l'aide de la pression mesurée dans l'épreuve de réception de la poudre W (13-16), on trouve

$$\log K_0 = 4,25092.$$

9. Pour vérifier les formules (4) et (7), il faut connaître les valeurs de $\dfrac{fa}{\tau}$ pour les diverses poudres.

Il suffit, à cet effet, de se servir des données obtenues dans le Mémoire précédent.

Le Tableau II de ce travail (p. 17) fait effectivement connaître les valeurs de a et celles de τ, ces dernières étant déduites des vitesses moyennes données par les poudres dans les épreuves de réception. On peut d'ailleurs supposer la valeur de f uniformément réduite à l'unité.

Le Tableau III ci-après résume les valeurs numériques nécessaires.

TABLEAU III.

DÉSIGNATION de la poudre.	VALEURS DE		LOGARITHMES de $\dfrac{fa}{\tau}$.
	$a.$	$\tau.$	
W (13-16)....	2,572	1,000	0,41026
W (20-25)...	2,766	1,292	0,33059
W (25-30)...	2,814	1,546	0,26011
W (32-38)...	2,840	1,942	0,16507
C$_1$..........	2,832	0,511	0,74367
C$_2$....	2,532	0,554	0,65995
SP$_1$..........	2,584	0,714	0,55859
SP$_2$....,.....	2,262	0,932	0,38507
SP$_3$..........	2,344	1,423	0,21676
AS ($\frac{30}{40}$)......	2,600	1,783	0,16382

En se servant des chiffres de la dernière colonne du Tableau ci-dessus, on peut calculer les pressions à la culasse dans des conditions variées de tir. Ce calcul montre d'abord que la formule binôme (4) et la formule monôme (7) donnent presque exactement les mêmes résultats. Il suffit donc de faire connaître la vérification de la seconde de ces formules, qui se prête mieux que la première au calcul numérique.

Le Tableau IV résume tous les éléments de cette vérification.

Pour les variables du tir, les unités adoptées sont le kilogramme et le décimètre; les pressions sont évaluées en kilogrammes par millimètre carré.

TABLEAU IV.

| DÉSIGNATION | | $c.$ | $p.$ | $\varpi.$ | $\Delta.$ | P_0 | | DIFFÉRENCES. |
de la poudre.	du canon.					mesuré.	calculé.	
	24^{cm}...	2,42	144	28	0,800	26,4	26,4	»
	19^{cm}...	1,94	75	15	0,870	23,0	23,8	—0,8
W (13-16).	16^{cm}...	1,66	45	9,5	0,980	22,0	22,8	—0,8
	14^{cm}...	1,41	21	4,2	0,960	15,0	14,0	+1,0
	10^{cm}...	1,00	12	3,1	0,997	20,0	19,2	+0,8
	27^{cm}...	2,76	216	42	0,800	23,5	25,2	—1,7
W (20-25).	24^{cm}...	2,42	144	37	0,800	25,3	27,0	—1,7
	19^{cm}..	1,94	75	22,5	0,939	24,0	23,2	+0,8
	16^{cm}...	1,66	45	14,8	0,912	24,4	24,6	—0,2
	32^{cm}...	3,22	345	68,5	0,793	23,5	25,4	—1,9
W (25-30).	27^{cm}..	2,76	216	60,0	0,919	29,6	32,3	—3,7
	24^{cm}...	2,42	144	41,8	0,902	25,9	28,4	—2,5
	19^{cm}..	1,94	75	27,4	0,988	25,6	30,2	—4,6
W (32-38).	32^{cm}...	3,22	345	78	0,904	25,0	25,6	—0,6
	27^{cm}...	2,76	216	67	0,908	27,4	26,4	+1,0
C_1...... ..	90^{mm}...	0,91	8	1,9	0,680	22,0	22,1	—0,1
	80^{mm}...	0,81	5,6	1,5	0,723	25,0	23,0	+2,0
C_2........	90^{mm}..	0,91	8	1,9	0,680	16,0	14,5	+1,5
	80^{mm}...	0,81	5,6	1,5	0,723	19,0	18,9	+1,0
	155^{mm}..	1,56	40	9,0	0,703	23,2	24,4	—1,2
SP_1........	120^{mm}..	1,21	18	4,5	0,745	»	20,9	»
	90^{mm}...	0,91	8	2,4	0,928	21,8	21,6	+0,2
	80^{mm}...	0,81	5,6	1,9	0,965	23,1	21,6	+1,5
	24^{cm}...	2,42	144	28,0	0,800	25,0	24,8	+0,2
SP_2.......	155^{mm}...	1,56	40	11,0	0,860	23,8	23,2	+0,5
	90^{mm}...	0,91	8	2,7	0,964	18,0	17,8	+0,2
	80^{mm}...	0,81	5,6	2,0	0,965	16,8	16,7	+0,1
	32^{cm}...	3,22	345	69	0,800	23,2	23,4	—0,2
SP_3........	27^{cm}...	2,76	216	46	0,859	23,8	22,4	+1,4
	24^{cm}...	2,42	144	32	0,914	21,7	21,4	+0,3
	32^{cm}...	3,22	345	78	0,904	25,0	25,6	—0 6
AS ($\frac{30}{70}$)...	27^{cm} ...	2,76	216	67	0,908	26,3	26,3	»
	24^{cm}...	2,42	144	32	0,914	20,0	18,9	+1,1

10. L'examen des chiffres de ce Tableau montre que l'écart entre les résultats du calcul et ceux de l'expérience est généralement assez faible. Il importe d'ailleurs de ne pas perdre de vue, dans l'appréciation de cet écart, que l'épreuve de réception ne fixe pas d'une manière absolue les propriétés balistiques d'une poudre.

Les conditions réglementaires admettent une tolérance sur les vitesses, et la variation correspondante de la pression maximum peut être considérable. L'expérience montre en effet que, dans les conditions d'épreuve actuellement usitées, des poudres de réception peuvent donner des pressions très différentes et que l'écart des pressions mesurées peut atteindre 400^{kg} ou 500^{kg} par centimètre carré.

On peut déduire des formules, non seulement une explication plausible de ce fait, mais encore une évaluation numérique de l'écart.

En effet, les formules (13) et (15) du Mémoire précédent montrent que, dans une même condition de tir, la vitesse varie avec la nature de la poudre en raison du facteur

$$(8) \qquad \left(\frac{fa}{\tau}\right)^{\frac{1}{2}}\left(\frac{\tau}{\lambda}\right)^{\frac{3}{8}},$$

dans lequel on désigne par :

f la force de la poudre,
τ la durée de la combustion du grain,
a, λ deux coefficients caractéristiques de la forme du grain.

D'autre part, la formule (7) de la pression maximum montre que celle-ci varie en raison du facteur

$$(9) \qquad \frac{fa}{\tau}.$$

Cela posé, admettons que, la forme du grain restant sensiblement invariable, des circonstances accidentelles de la fabrication modifient la force et la durée de combustion de la poudre (¹). Suppo-

---

(¹) On admet généralement que la variation de la fabrication peut modifier sensiblement la vitesse de combustion de la poudre : nous pensons que cette variation peut aussi affecter, dans une certaine mesure, l'élément que nous avons appelé

sons que les valeurs particulières de ces variables soient

f_1, τ_1 pour une poudre donnant à l'épreuve la limite *inférieure* de vitesse v_1,

f_2, τ_2 pour une poudre donnant la limite *supérieure* de vitesse v_2.

Les vitesses v_1, v_2 sont proportionnelles aux valeurs correspondantes du facteur (8), et, les valeurs de a, λ étant les mêmes pour les deux poudres, on a

$$(10) \qquad \frac{v_2}{v_1} = \left(\frac{f_2}{f_1}\right)^{\frac{1}{2}} \left(\frac{\tau_1}{\tau_2}\right)^{\frac{1}{8}}.$$

Les pressions maxima étant proportionnelles aux valeurs du facteur (9), on peut écrire

$$(11) \qquad \frac{P_2}{P_1} = \frac{f_2 \tau_1}{f_1 \tau_2}.$$

Enfin, en éliminant $\dfrac{\tau_1}{\tau_2}$ entre les relations (10) et (11), il vient

$$(12) \qquad \frac{P_2}{P_1} = \left(\frac{f_1}{f_2}\right)^{3} \left(\frac{v_2}{v_1}\right)^{8}.$$

La valeur de $\dfrac{v_2}{v_1}$ est très près de l'unité, mais sa huitième puissance s'en écarte notablement; si, de plus, le rapport $\dfrac{f_1}{f_2}$ est un peu supérieur à l'unité, la valeur de P_2 peut être beaucoup plus grande que celle de P_1.

S'il s'agit, par exemple, de la poudre SP_2, on a

$$v_1 = 436,5, \quad v_2 = 445,5,$$

et, en supposant $\dfrac{f_1}{f_2} = 1$, on trouve

$$\frac{P_2}{P_1} = 1,177.$$

---

force de la substance, c'est-à-dire la pression des gaz de l'unité de poids de poudre occupant l'unité de volume à la température de combustion. Il est possible en effet que, si quelque circonstance de la fabrication diminue le degré d'incorporation des éléments de la poudre, une petite portion de ces éléments échappe à la réaction dans les conditions d'emploi, et la valeur de la force doit être ainsi légèrement diminuée. La force peut croître, par exemple, avec la durée de la trituration de la matière, sa valeur doit aussi varier avec la proportion d'humidité renfermée dans la poudre. Ces variations sont probablement très petites; elles peuvent cependant avoir quelque influence sur les vitesses et surtout sur les pressions.

Si f_1 est un peu supérieur à f_2, de manière que $\dfrac{f_1}{f_2} = 1,02$ par exemple, on trouve

$$\frac{P_2}{P_1} = 1,250,$$

de sorte que P_1 excède P_2 du quart de sa valeur.

11. Les expressions que nous avons proposées, dans le présent travail et dans le précédent, permettent d'exprimer par des formules très simples, souvent utilisables dans la pratique, la relation qui existe entre les variations simultanées de la vitesse et de la pression correspondant à un petit accroissement de l'une des variables dont elles dépendent.

Parmi ces variables, les unes relatives à la poudre sont, pour une forme déterminée du grain, f et τ. Les autres relatives au canon sont, pour un calibre déterminé, p, ϖ, Δ, système dans lequel on peut substituer à la densité de chargement Δ la capacité s de la chambre à poudre. Nous avons trouvé que la vitesse et la pression maximum étaient exprimées en fonction de ces variables par des formules de la forme

$$v = H_1 \frac{f^{\frac{1}{2}} \varpi^{\frac{5}{8}}}{\tau^{\frac{1}{8}} s^{\frac{1}{4}} p^{\frac{7}{16}}},$$

$$P_0 = H_2 \frac{f \varpi^{\frac{7}{4}} p^{\frac{1}{4}}}{\tau s}.$$

Soit x une quelconque des variables. En désignant par α, α' les exposants dont elle est affectée dans v et dans P_0, on a évidemment

$$\frac{dv}{v} = \alpha \frac{dx}{x}, \quad \frac{dP_0}{P_0} = \alpha' \frac{dx}{x},$$

et par suite

$$\frac{dP_0}{P_0} = \frac{\alpha'}{\alpha} \frac{dv}{v}.$$

Le Tableau ci-après fait connaître, pour chacune des variables, la valeur numérique du rapport $\dfrac{\alpha'}{\alpha}$. La dernière colonne de ce Tableau donne (en kilogrammes par centimètre carré) la valeur de $d\mathrm{P}_0$ calculée en supposant

$$\mathrm{P}_0 = 2250^{\mathrm{kg}}, \quad v = 460^{\mathrm{m}}, \quad dv = 1,$$

c'est-à-dire le nombre de kilogrammes par centimètre carré dont la pression s'accroît dans des conditions moyennes, lorsque la vitesse s'accroît de 1^{m} par suite de la variation de l'un des éléments du tir.

DÉSIGNATION de la variable.	VALEUR de $\dfrac{\alpha'}{\alpha}$.	ACCROISSEMENT de la pression par mètre de vitesse.
f............	2	9,8
τ............	8	39,2
p............	$-\dfrac{4}{7}$	$-2,8$
ϖ.........	$\dfrac{14}{5}$	13,7
s............	4	19,6

Paris, 29 mars 1881.

RECHERCHES THÉORIQUES

SUR LE

CHARGEMENT DES BOUCHES A FEU,

Par M. Émile SARRAU,

Ingénieur en chef des Poudres et Salpêtres.

L'étude des circonstances qui rendent la poudre moins offensive dans les canons est d'une haute importance pour l'Artillerie. Les premières recherches sur ce sujet sont dues à Piobert qui a conclu de considérations théoriques qu'il était possible, par l'emploi de charges allongées, de conserver l'effet utile de la poudre en diminuant l'effet destructeur de la bouche à feu.

Piobert a rattaché, avec toute la précision désirable, l'explication de ce fait à sa théorie des effets de la poudre. L'allongement de la charge a pour effet d'accroître l'espace occupé par la poudre derrière le projectile, c'est-à-dire, suivant une locution aujourd'hui usuelle, de diminuer la *densité de chargement*.

Par suite, les pressions initiales sont diminuées; mais si, en tenant compte du mode d'inflammation de la charge et du mode de combustion des grains, on établit par la théorie la loi de variation suivie par les densités moyennes des gaz pour les divers déplacements du projectile, on en conclut que celui-ci « peut reprendre, avec les grandes charges et dans les âmes longues, l'avantage de vitesse qu'il doit perdre dans les premiers instants de son mouvement, pendant lesquels il est soumis à une action moins vive et moins brusque (¹). »

(¹) G. Piobert, *Traité d'Artillerie,* Partie théorique et expérimentale, 2ᵉ édition : p. 459.

Le mode de chargement indiqué par Piobert, et proposé par lui au Ministre de la Guerre en octobre 1833, fut mis en essai non seulement en France, mais à l'étranger; et il fut établi à la suite de nombreuses expériences que, conformément aux vues de l'éminent général, l'emploi de charges plus allongées que celles qui étaient alors réglementaires permettait d'obtenir des vitesses au moins égales à celles que donnait l'ancien chargement, tout en ménageant beaucoup plus l'âme de la pièce. En conséquence, le chargement allongé devint réglementaire dans l'Artillerie française, et l'expérience qui en fut faite, notamment pendant la guerre d'Orient, démontra qu'il était en effet très favorable à la conservation des bouches à feu.

C'est également par le choix judicieux d'une faible densité de chargement que M. le général Treuille de Beaulieu est parvenu à rendre le tir des projectiles lourds des premières pièces rayées de l'Artillerie de terre compatible avec l'emploi de la poudre alors réglementaire dans les canons de bronze.

A la suite de ces résultats remarquables, l'opinion paraît s'être généralement accréditée qu'une faible densité de chargement était nécessaire pour obtenir la plus grande puissance compatible avec la résistance des bouches à feu. Cette nécessité n'est cependant pas évidente; et, à la suite des modifications profondes subies par l'Artillerie dans ces dernières années, la question devait être l'objet d'un nouvel examen.

Parmi ces modifications, la plus importante, au point de vue de la question, est celle qui concerne le choix de la poudre. Dans l'ancien système, la durée de la combustion du grain était généralement très petite par rapport à la durée de l'inflammation de la charge; dans les conditions actuelles, la durée de l'inflammation de la charge est, au contraire, très petite par rapport à la durée de la combustion du grain.

Cette particularité suffirait à motiver la revision des déductions de Piobert, mais il est une autre circonstance encore plus importante. La poudre était autrefois commune à tous les calibres, tandis qu'actuellement l'usage d'une poudre, quand il n'est pas spécial à un calibre unique, est presque toujours restreint au service d'un petit nombre de calibres peu différents. Il en résulte que la poudre, au lieu d'être un élément *fixe* dans les conditions de chargement, est devenue une des *variables* disponibles; et c'est de la combinaison de cette variable avec les valeurs choisies pour le poids de la charge et la densité de chargement que dépendent les valeurs correspondantes de la vitesse et de la pression intérieure.

En supposant que l'on ait fixé la composition et le mode de fabrication de la poudre, ainsi que la forme du grain, la *durée de combustion* devient l'élément caractéristique de l'influence exercée par la poudre sur les effets réalisés; et, par suite, en considérant comme des données, dans une bouche à feu, le calibre, le poids du projectile et la longueur parcourue par le projectile dans l'âme, les variables du chargement sont :

1° Le poids de la charge............. ϖ

2° La densité de chargement......... Δ

3° La durée de combustion........... τ

La vitesse initiale v et la pression maximum P sont des fonctions de ces variables,

$$v = f(\varpi, \Delta, \tau),$$
$$P = F(\varpi, \Delta, \tau),$$

et il existe une infinité de systèmes de valeurs de ϖ, Δ, τ donnant la même vitesse avec des pressions maxima différentes, ou la même pression avec des vitesses différentes.

L'influence propre de chacun des éléments du chargement variant isolément est évidente : les fonctions v et P croissent avec ϖ et Δ, et elles décroissent quand τ augmente, c'est-à-dire quand la poudre devient plus lente. Mais on ignore à priori comment varie la pression lorsque les trois valeurs des trois variables changent simultanément de manière que la vitesse reste la même ; et si, conformément au principe énoncé par Piobert, on admet comme établi que, avec une valeur fixe de τ, la pression décroît lorsque l'on diminue la densité de chargement en augmentant la charge de manière à conserver la vitesse, il n'existe aucun motif évident d'admettre que la pression ainsi réduite soit moindre que celle que l'on aurait avec la même charge, une densité de chargement plus forte et une poudre plus lente.

En fait, l'appréciation de l'influence des éléments du chargement sur les effets obtenus est un problème complexe, dont la solution

ne peut être fournie que par une expérimentation systématique ou
par une analyse exacte des phénomènes.

Les formules que j'ai établies dans plusieurs Mémoires insérés au
Mémorial de l'Artillerie de la Marine expriment la vitesse initiale
et la pression maximum en fonction explicite des variables du chargement : elles donnent donc une solution complète de la question.

Elles permettent, en particulier, de déterminer le sens de la variation qu'éprouve l'une des quantités v et P lorsque les variables
changent de manière que l'autre de ces quantités reste constante.
On y parvient très simplement à l'aide de formules différentielles
que j'ai publiées en 1877 ([1]); et, si l'on considère notamment le cas
où Δ et τ varient, ϖ restant constant, on déduit de la théorie ce résultat important : *Parmi les systèmes de valeurs de Δ et τ qui
donnent la même pression maximum, il en existe un pour lequel
la vitesse est un maximum* ([2]).

Ce théorème fixe la densité de chargement qui, pour une valeur
déterminée du poids de la charge, donne le plus grand effet utile
compatible avec la résistance de l'arme, et la valeur assignée par
la théorie à cette densité de chargement est telle que j'ai dû en
conclure que, pour des canons d'une résistance comparable à celle
des nouveaux modèles, et à la condition d'adopter une poudre spéciale, « il n'y a pas d'avantage à prendre la densité de chargement
notablement inférieure à la densité gravimétrique de la charge. On
peut réduire la densité de chargement et conserver la vitesse par
une diminution corrélative de la durée de combustion ; mais on augmente la pression maximum. Si l'on règle la durée de combustion
de manière à conserver la pression, on diminue la vitesse ([3]). »

D'ailleurs, les formules permettant d'apprécier *numériquement* l'influence de tous les éléments du tir, il était facile de les
appliquer, soit à la détermination des conditions les plus avanta-
geuses du chargement dans des projets de bouche à feu, soit à
l'amélioration du tir dans des pièces existantes. C'est ce que je

---

([1]) *Formules pratiques des vitesses et des pressions dans les armes* (*Mémorial de l'Artillerie de la Marine* : t. V, p. 165).

([2]) *Loc. cit.*, p. 175.

([3]) *Loc. cit.*, p. 180.

me suis efforcé de faire dans les leçons professées pendant plusieurs années à l'École d'Application des Poudres et Salpêtres, et dans diverses Notes adressées au Ministre de la Guerre ([1]).

J'ai réuni dans le présent Mémoire tous les éléments de cette théorie; on trouvera, en outre, dans ce travail, des résultats nouveaux qui semblent de nature à simplifier l'étude des lois qui régissent les effets de la poudre dans les armes. Le Mémoire est divisé en cinq Chapitres.

Dans le premier Chapitre, je rappelle les formules des vitesses et des pressions, et je fais connaître les valeurs des coefficients adoptées dans la suite de ces recherches. Conformément aux résultats obtenus dans un Mémoire précédent, je propose deux formules différentes pour représenter les pressions maxima sur la culasse et sur le culot du projectile.

Le Chapitre II est consacré à la revision et au développement d'une notion déjà signalée dans mes publications antérieures; cette notion concerne le maximum théorique des vitesses. L'expression de la vitesse est telle que, si l'on fait varier la durée de combustion de la poudre, pour des valeurs données de tous les autres éléments, la fonction passe par un minimum. La valeur de τ correspondant à ce maximum théorique est fonction du calibre, du poids du projectile et de la longueur de parcours; elle est indépendante du poids de la charge et de la densité de chargement. La considération de cette valeur conduit à introduire dans les formules un élément dont l'usage est assez fréquent pour justifier une dénomination nouvelle.

Soient τ_1 la durée de combustion qui, dans une arme donnée A, correspond au maximum, et τ la durée de combustion d'une poudre quelconque P. J'appelle *module* de la poudre P, dans l'arme A, le rapport $\frac{\tau_1}{\tau}$.

La valeur numérique de ce rapport mesure le degré de vivacité de la poudre dans l'arme. En effet, dans une arme donnée, une poudre se comporte en poudre lente lorsque la durée de sa com-

---

([1]) Note sur le canon de 32^{cm} (31 juillet 1878); Note sur le canon de 90^{mm} (31 juillet 1878); Note sur le canon de 24^{cm} (4 août 1878); Note sur le canon de 155^{mm} (4 août 1878); Note sur le canon de 120^{mm} (4 août 1878); Note sur les canons de 120^{mm} et 155^{mm} (8 octobre 1878).

bustion est notablement supérieure à τ_1, et, de plus, dans deux armes différentes, deux poudres doivent être considérées comme équivalentes, au point de vue de la vivacité, si leurs durées de combustion sont proportionnelles aux valeurs de τ_1 relatives aux armes d'emploi, c'est-à-dire quand leurs modules sont égaux.

Je donne, dans ce Chapitre, le Tableau des modules des poudres usuelles dans les bouches à feu de l'armement. On peut en conclure l'équivalence approximative de certaines poudres dans des calibres différents; la poudre SP_1, par exemple, se comporte à très peu près dans le canon de 90^{mm}, au point de vue de la vivacité, comme la poudre de Wetteren (25-30) dans le canon de 19^{cm}.

La considération du module conduit à des transformations importantes des formules de la vitesse et de la pression maximum ; elle permet, notamment, de préciser les conditions dans lesquelles on peut représenter la vitesse par une formule monôme qui se substitue à la formule binôme, dans les cas où celle-ci cesse d'être applicable, de manière à assurer la représentation exacte de la vitesse dans des conditions balistiques très différentes de celles qui ont servi au calcul des coefficients.

Le Chapitre III comprend l'étude de l'influence des éléments du chargement (ϖ, Δ, τ) sur les vitesses et les pressions. Pour faciliter cette étude, on suppose successivement que deux des trois éléments varient simultanément, le troisième restant constant, de manière que la pression maximum conserve la même valeur, et l'on cherche comment varie la vitesse.

Les résultats de cette discussion sont particulièrement utilisables dans les projets de bouche à feu, quand on peut disposer des dimensions de la chambre à poudre ; mais on déduit aussi de la théorie la loi suivant laquelle varient la vitesse et la pression, quand on modifie la charge et la poudre dans une chambre de capacité déterminée. Le calcul indique alors que, lorsque la charge et la durée de combustion augmentent de manière que la pression reste constante, la vitesse augmente.

On peut donc, si la chambre a des dimensions suffisantes, augmenter la vitesse sans changer la pression, par l'emploi d'une charge plus forte et d'une poudre plus lente. Toutefois, l'amélioration ainsi réalisée est limitée, dans la pratique, par ce fait que la variation relative de la vitesse correspondant à une même variation relative de la durée de combustion est d'autant plus grande que la poudre est plus lente, de sorte que l'influence des irrégularités accidentelles de la poudre sur la vitesse est elle-même croissante. La théorie montre que cette influence ne dépend que du module de la poudre, de sorte qu'il suffit d'assigner à cet élément une limite *inférieure* et de s'assurer que la poudre ne dépasse pas cette limite, pour conserver aux vitesses une régularité satisfaisante.

D'autre part, il est nécessaire de fixer une limite *supérieure* du module, parce que, le module croissant, un accroissement sensible de la vitesse ne s'obtient qu'avec un accroissement considérable de la pression, de sorte que l'effet utile est réalisé dans des conditions défavorables à la conservation des bouches à feu.

Je propose des valeurs numériques pour ces deux limites, et, ces valeurs étant admises, il suffit de recourir au Tableau déjà mentionné des modules des poudres usuelles pour apprécier immédiatement l'aptitude de l'une d'elles à être utilisée dans une bouche à feu déterminée.

Je donne enfin, dans ce même Chapitre, une formule qui permet d'apprécier l'effet de la tolérance dans les épreuves de réception. La fabrication des poudres comporte des irrégularités par suite desquelles des lots différents donnent à l'épreuve des vitesses différentes, et les conditions de réception fixent des limites que les vitesses mesurées ne doivent pas dépasser. La question résolue est la suivante : *Déterminer la différence de vitesse donnée dans une arme quelconque par deux poudres donnant les vitesses limites dans le canon d'épreuve.*

Le Chapitre IV contient des formules nouvelles concernant les projets de bouche à feu. Ces formules fournissent la solution de ce problème :

Le calibre d'une arme et le poids du projectile étant donnés, déterminer les dispositions intérieures et la poudre à adopter pour réaliser une vitesse initiale et une pression maximum données.

Elles permettent, en outre, de trouver les relations à établir entre le poids de la charge, les longueurs de parcours et les densités de chargement, dans deux ou plusieurs armes différentes, pour y obtenir la même vitesse et la même pression maximum avec la même poudre.

Il importe de remarquer que, dans la solution obtenue de ces problèmes, le module intervient comme une donnée dont la valeur est arbitraire. On peut donc le choisir, à priori, de manière que sa valeur soit comprise entre les limites qu'il convient de ne pas dépasser, d'après ce qui a été dit précédemment, pour réaliser avantageusement l'effet utile et pour assurer la régularité des vitesses.

Le Chapitre V renferme de nombreux exemples de l'application des formules aux principaux problèmes de la pratique des bouches à feu.

CHAPITRE PREMIER.

FORMULES DES VITESSES ET DES PRESSIONS.

1. *Formule des vitesses.* — La formule adoptée dans ce travail est celle que nous avons établie, dans l'addition au Mémoire sur les *Formules pratiques des vitesses et des pressions dans les armes* (¹). Cette formule est la suivante :

$$(1) \qquad v = A\,\alpha(\varpi u)^{\frac{3}{8}}\left(\frac{\Delta}{pc}\right)^{\frac{1}{4}}\left[1 - B\beta\,\frac{(pu)^{\frac{1}{2}}}{c}\right],$$

en désignant par

c le calibre ou diamètre de l'âme ;
u la longueur de parcours du projectile dans l'âme ;
p le poids du projectile ;
ϖ le poids de la charge ;
Δ la densité de chargement ;
α, β deux coefficients, dits *caractéristiques*, dépendant de la nature de la poudre ;
A, B deux constantes indépendantes des éléments du tir.

Les caractéristiques α, β ont les valeurs

$$(2) \qquad \alpha = \left(\frac{fa}{\tau}\right)^{\frac{1}{2}}, \quad \beta = \frac{\lambda}{\tau},$$

en représentant par

f la force de la poudre ;
τ la durée de la combustion du grain ;
a, λ deux coefficients numériques dépendant de la forme du grain.

(¹) *Mémorial de l'Artillerie de la Marine* : t. VI, p. 161.

2. *Détermination numérique des coefficients* A, B. — Pour déterminer numériquement les coefficients A, B, il suffit de connaître les vitesses données dans deux armes différentes par une poudre dont on connaît les caractéristiques.

Dans le travail précité, nous avons admis, comme données fondamentales, les vitesses produites par la poudre W(13-16) dans les canons de 24^{cm} et de 14^{cm}.

Les caractéristiques ont été calculées en exprimant f et τ en unités absolues. La valeur de f était déduite, par une relation théorique, de la chaleur de combustion et du volume des gaz permanents; celle de τ était obtenue en supposant la vitesse de combustion à l'air libre égale à $0^m,010$ par seconde.

Nous avons apporté à cette manière d'opérer deux modifications, que nous adopterons désormais dans la suite de ces recherches.

3. La première de ces modifications est relative au choix des deux canons où se mesurent les vitesses fondamentales.

Depuis la publication de nos premières recherches, les conditions d'emploi de la poudre dans les armes se sont complètement modifiées. L'usage des poudres lentes s'est généralisé, et le tir d'une poudre aussi vive que W(13-16) dans le canon de 24^{cm} est devenu une exception. Il convenait donc de choisir une autre base pour déterminer les coefficients d'une formule qui, n'étant qu'approximative, donne des résultats d'autant plus exacts qu'on s'éloigne moins des conditions choisies pour l'évaluation numérique des constantes.

En conséquence, nous avons substitué aux vitesses mesurées dans les canons de 24^{cm} et de 14^{cm} celles que la poudre W(13-16) donne dans les canons de 19^{cm} et de 10^{cm}. De plus, au lieu de considérer les vitesses données par un lot particulier, nous avons adopté les vitesses des tables de tir qui sont les moyennes de nombreuses déterminations.

Dans ces nouvelles conditions, le Tableau suivant résume les valeurs numériques des éléments du tir.

DÉSIGNATION du canon.	$c.$	$u.$	$p.$	$\varpi.$	$\Delta.$	$v.$
	dm	dm	kg	kg		dm
Canon de 19^{em}....	1,94	32,9	75	15,0	0,870	4480
Canon de 10^{em}....	1,00	22,6	12	3,1	0,957	4850

4. La deuxième modification se rapporte au calcul des caractéristiques.

La valeur précédemment adoptée pour f est incertaine. Il n'en résulte, il est vrai, aucune erreur dans le calcul des vitesses et des pressions, puisque la détermination des constantes est empirique; mais il est plus simple de remplacer cette valeur par l'unité. Nous réduirons aussi à l'unité la valeur de la durée de combustion. Par suite de cette convention, déjà admise dans des recherches précédentes, la force et la durée de combustion d'une poudre seront désormais rapportées à celles de la poudre W (13-16) prises comme unités.

Les valeurs de a, λ pour $\dot{\text{W}}$ (13-16) se déduisent par les formules connues de l'épaisseur du grain, de la densité et du nombre de grains au kilogramme, en considérant le grain comme parallélipipédique à base carrée.

En résumé, on a pour cette poudre

$$f = 1, \quad \tau = 1, \quad a = 2,572, \quad \lambda = 0,851.$$

Avec ces valeurs, on trouve, d'après les relations (2),

$$\log \alpha = 0,20513,$$
$$\log \beta = \bar{1},92993.$$

5. En portant successivement les valeurs particulières du Tableau précédent dans la formule (1), et y remplaçant α, β par leurs valeurs, on obtient deux équations d'où l'on tire

$$(3) \quad \begin{cases} \log A = 3,16767, \\ \log B = \bar{2},18373. \end{cases}$$

Unités : décimètre, kilogramme.

6. *Vérifications.* — Nous avons vérifié la formule (1) en l'appliquant au tir de diverses poudres dans des conditions variées de chargement.

Cette vérification exige la connaissance préalable des caractéristiques; nous avons admis, à cet effet, les valeurs de a, λ, τ comprises dans le Tableau II du *Mémoire sur une formule monôme des vitesses* (p. 17). Comme dans ce travail, nous avons supposé $f = 1$ pour toutes les poudres.

Nous reproduisons les valeurs de a, λ, τ pour les poudres usuelles, dans le Tableau I du présent travail ([1]). Nous y joignons les valeurs correspondantes des logarithmes des caractéristiques α, β calculées par les formules (2), ainsi que les logarithmes de α^2 nécessaires pour le calcul des pressions.

Le Tableau II ([2]) présente les vitesses calculées avec ces caractéristiques et les vitesses mesurées correspondantes. Il importe d'observer que les valeurs de τ ont été déduites, en se servant de la formule monôme des vitesses, du tir d'épreuve des poudres, et il est remarquable que les valeurs correspondantes des caractéristiques conduisent, par l'emploi de la formule binôme, à des valeurs exactes des vitesses.

7. *Pression maximum sur le projectile.* — Nous adoptons la formule (p. 21)

$$(4) \qquad P = K \alpha^2 \frac{\Delta (p \varpi)^{\frac{1}{2}}}{c^2}.$$

La valeur de K a été déterminée dans un précédent travail (p. 27), et, avec les unités adoptées, on a

$$(5) \qquad \log K = 3,96197.$$

8. *Pression maximum sur la culasse.* — Nous adoptons la formule (p. 27)

$$(6) \qquad P_0 = K_0 \alpha^2 \frac{\Delta \varpi^{\frac{3}{4}} p^{\frac{1}{4}}}{c^2},$$

avec la valeur (p. 28)

$$(7) \qquad \log K_0 = 4,25092.$$

([1]) Voir ci-après, p. 93.
([2]) Voir ci-après, p. 94.

9. *Observations sur les formules des pressions.* — Les coefficients des formules (4) et (6) ont été déterminés en prenant pour unités le décimètre et le kilogramme. Par suite, ces formules donnent les pressions en kilogrammes par décimètre carré, et il faut diviser les résultats par 100, si l'on veut, suivant l'usage généralement adopté par l'Artillerie, exprimer les pressions en kilogrammes par centimètre carré.

En général, nous aurons à considérer la pression sur la culasse, et nous emploierons, par conséquent, la formule (6). Il y aura cependant quelquefois avantage à introduire l'expression (4) de la pression sur le projectile. On passera de l'un à l'autre cas en remplaçant, dans les formules, P par P_0, et K par $K_0 \left(\dfrac{\varpi}{p} \right)^{\frac{1}{4}}$, ou inversement.

L'expression (6) de la pression maximum sur la culasse a été vérifiée numériquement dans un autre travail ; nous n'avons pas à y revenir. Il n'existe, à notre connaissance, aucun système régulier d'expériences dont les résultats puissent servir à contrôler l'expression (4) de la pression maximum sur le projectile.

CHAPITRE II.

MAXIMUM THÉORIQUE DES VITESSES.

10. Nous avons remarqué, dans un travail antérieur ([1]), que la forme de l'expression (1) est telle que, si l'on fait varier τ pour des valeurs données de tous les autres éléments, la fonction passe par un maximum. Nous allons revenir sur ce résultat pour préciser le sens qu'il y a lieu, à notre avis, de lui attribuer.

([1]) *Formules pratiques des vitesses et des pressions dans les armes* (*Mémorial de l'Artillerie de la Marine* : t. V, p. 158).

En fait, il ne doit pas exister de valeur de τ qui rende la vitesse un maximum. Si l'on suppose que τ diminue indéfiniment et que l'inflammation de la charge reste toujours instantanée, on doit admettre que la vitesse croît jusqu'à une limite théorique correspondant au cas idéal de la combustion instantanée de la charge.

Si la formule (1) donne un maximum, c'est sans doute parce qu'elle n'est qu'approchée. On l'a obtenue en réduisant une série à ses deux premiers termes, et la fonction représentée par cette série peut continuer à croître, lorsque τ décroît au delà de la valeur pour laquelle l'ensemble des deux premiers termes est un maximum, si la somme des autres termes est encore croissante.

La valeur de τ correspondant au maximum des deux premiers termes n'en conserve pas moins une signification importante. C'est une limite au-dessous de laquelle la variation de τ n'a qu'une influence insensible sur la valeur de la vitesse, et qu'il est par suite désavantageux de franchir en pratique, puisque l'effet utile augmente alors très peu lorsque la variable diminue, tandis que la pression maximum varie rapidement en raison inverse de la durée de combustion.

Aussi la considération de cette valeur particulière de la durée de combustion, dite *durée du maximum*, sera-t-elle fondamentale dans la suite de ces recherches. Nous rappellerons d'abord la formule qui exprime cette durée en fonction des variables du tir. Nous montrerons ensuite comment cette durée conduit à la définition d'un élément important dont l'introduction éclaire et simplifie notablement les lois suivant lesquelles les vitesses et les pressions dans les armes dépendent des conditions du chargement.

11. *Durée du maximum.* — En remplaçant α et β par leurs valeurs (2) dans la formule (1), on a

$$v = A \left(\frac{fa}{\tau}\right)^{\frac{1}{2}} (\varpi u)^{\frac{3}{8}} \left(\frac{\Delta}{pc}\right)^{\frac{1}{4}} \left[1 - B \frac{\lambda}{\tau} \frac{(pu)^{\frac{1}{2}}}{c}\right].$$

La valeur de τ correspondant au maximum de v s'obtient en égalant à zéro la dérivée de v par rapport à τ. En désignant cette valeur par τ_1, on trouve

$$(8) \qquad \tau_1 = 3B \frac{\lambda (pu)^{\frac{1}{2}}}{c}.$$

Il importe de remarquer que, pour une forme déterminée du grain, la valeur de τ_1 ne dépend que du calibre, du poids du projectile et de la longueur de parcours; elle reste la même quelles que soient la charge et la densité du chargement. On voit aussi que, dans des bouches à feu semblables, les durées du maximum sont proportionnelles aux calibres.

12. *Module de vivacité.* — On dit souvent, dans la pratique, qu'une poudre est lente ou vive. Ces dénominations ne désignent aucune qualité propre de la poudre, et il n'y a lieu de les appliquer qu'en raison des conditions d'emploi. Par exemple, on considère la poudre W (13-16) comme vive dans le canon de 24^{cm}, et comme lente dans le canon de 10^{cm}. On peut préciser comme il suit cette notion suggérée par la pratique la plus élémentaire du tir.

En effet, dans une arme donnée, une poudre se comporte en poudre lente lorsque la durée de sa combustion est notablement supérieure à celle qui, dans cette arme particulière, correspond au maximum théorique de la vitesse; de plus, deux poudres tirées dans des armes différentes doivent être considérées comme équivalentes, au point de vue de la vivacité, si leurs durées de combustion sont proportionnelles aux durées du maximum relatives aux armes d'emploi.

En conséquence, si l'on appelle *module de vivacité*, ou simplement *module*, d'une poudre dans une arme le rapport $x = \dfrac{\tau_1}{\tau}$ de la durée du maximum relative à l'arme à la durée de combustion de la poudre, on peut dire que le degré de vivacité d'une poudre est mesuré par son module.

Dans cet ordre d'idées, on peut adopter l'échelle suivante pour la classification des poudres en poudres vives et lentes.

VALEUR du module.	QUALIFICATION de la poudre.
1,0	Poudre très vive.
0,9	» vive.
0,8	» moyenne.
0,7	» lente.
0,6	» très lente.

13. *Formule du module.* — D'après cette définition et d'après la valeur (8) de la durée du maximum, le module d'une poudre dans une arme est donné par la relation

$$(9) \qquad\qquad x = 3\,\mathrm{B}\,\frac{\lambda}{\tau}\,\frac{(pu)^{\frac{1}{2}}}{c},$$

ou, en écrivant β au lieu de $\dfrac{\lambda}{\tau}$,

$$(10) \qquad\qquad x = 3\,\mathrm{B}\,\beta\,\frac{(pu)^{\frac{1}{2}}}{c}.$$

Il est souvent utile de connaître la valeur numérique du module; le Tableau IV (p. 97) donne ce renseignement pour les poudres usuelles dans les armes en service.

Les valeurs des variables c, u, p sont données, pour les diverses armes, par le Tableau III (p. 96).

Les valeurs de β sont données, pour les diverses poudres, par le Tableau I (p. 93).

Les valeurs calculées des modules sont résumées dans le Tableau IV (p. 97).

14. *Vitesse en fonction du module.* — On peut introduire x à la place de τ dans la formule de la vitesse; on a ainsi une nouvelle expression qui sera très utile dans la suite de ces recherches.

Remarquons que, d'après la valeur (8) de τ_1, la formule (1) peut s'écrire

$$v = \mathrm{A}\left(\frac{fa}{\tau_1}\right)^{\frac{1}{2}}(\varpi u)^{\frac{3}{8}}\left(\frac{\Delta}{pc}\right)^{\frac{1}{4}}\left(\frac{\tau_1}{\tau}\right)^{\frac{1}{2}}\left[1 - \frac{1}{3}\frac{\tau_1}{\tau}\right],$$

ou bien, en posant $\dfrac{\tau_1}{\tau} = x$,

$$v = \frac{1}{3}\left(\frac{fa}{\tau_1}\right)^{\frac{1}{2}}(\varpi u)^{\frac{3}{8}}\left(\frac{\Delta}{pc}\right)^{\frac{1}{4}} x^{\frac{1}{2}}(3 - x).$$

Enfin, si l'on remplace τ_1 par sa valeur et si l'on pose

$$(11) \qquad\qquad f(x) = \frac{1}{2}\,x^{\frac{1}{2}}(3 - x),$$

on a cette nouvelle formule de la vitesse

$$(12) \qquad v = \tfrac{2}{3} A (3B)^{-\frac{1}{2}} \left(\frac{fa}{\lambda}\right)^{\frac{1}{2}} \frac{\varpi^{\frac{3}{8}} \Delta^{\frac{1}{4}} c^{\frac{1}{4}} u^{\frac{1}{8}}}{p^{\frac{1}{2}}} f(x).$$

15. *Pression maximum en fonction du module.* — L'expression (4) de la pression maximum sur le projectile peut s'écrire

$$P = K \frac{fa}{\tau_1} \frac{\Delta(p\varpi)^{\frac{1}{2}}}{c^2} \frac{\tau_1}{\tau}.$$

En posant $\frac{\tau_1}{\tau} = x$ et remplaçant au dénominateur τ_1 par sa valeur (8), on a cette nouvelle formule

$$(13) \qquad P = K(3B)^{-1} \frac{fa}{\lambda} \frac{\Delta\varpi^{\frac{1}{2}}}{cu^{\frac{1}{2}}} x.$$

La pression maximum sur la culasse s'en déduit, d'après la remarque du n° 9, en écrivant P_0 au lieu de P et remplaçant K par $K_0 \left(\frac{\varpi}{p}\right)^{\frac{1}{4}}$. On a par conséquent

$$(14) \qquad P_0 = K_0(3B)^{-1} \frac{fa}{\lambda} \left(\frac{\varpi}{p}\right)^{\frac{1}{4}} \frac{\Delta\varpi^{\frac{1}{2}}}{cu^{\frac{1}{2}}} x.$$

16. *Formules monômes de la vitesse.* — Les résultats précédents conduisent à une démonstration nouvelle des formules monômes qui servent à représenter, entre certaines limites, la vitesse initiale.

Remarquons d'abord que, dans le voisinage d'une valeur particulière de la variable, une fonction $f(x)$ est à peu près proportionnelle à une puissance convenablement choisie de la variable. En effet, pour que, dans le voisinage d'une valeur x, la fonction $f(x)$ et une expression de la forme Nx^n se confondent sensiblement, il suffit de déterminer N et n de manière que, pour la valeur x, les deux fonctions et leurs dérivées soient égales. Il suffit donc d'établir les conditions

$$f(x) = Nx^n,$$
$$f'(x) = nNx^{n-1},$$

d'où l'on déduit pour la valeur de l'exposant

$$n = x\frac{f'(x)}{f(x)}.$$

Si, en particulier, la fonction $f(x)$ est celle que détermine la relation (11), on trouve

$$(15) \qquad n = \frac{3}{2}\frac{1-x}{3-x}.$$

On voit ainsi que l'expression (12) de la vitesse peut être mise sous la forme

$$v = \tfrac{2}{3}\mathrm{A}\,(3\,\mathrm{B})^{-\frac{1}{2}}\mathrm{N}\left(\frac{fa}{\lambda}\right)^{\frac{1}{2}}\frac{\varpi^{\frac{3}{8}}\Delta^{\frac{1}{4}}c^{\frac{1}{4}}u^{\frac{1}{8}}}{p^{\frac{1}{2}}}\,x^n,$$

l'exposant n ayant la valeur (15).

Remplaçant x par sa valeur (9) et posant, pour abréger,

$$(16) \qquad \mathrm{M} = \tfrac{2}{3}\mathrm{A}(3\,\mathrm{B})^{n-\frac{1}{2}}\mathrm{N},$$

on a définitivement la formule

$$(17) \qquad v = \mathrm{M}\left(\frac{fa}{\tau}\right)^{\frac{1}{2}}\left(\frac{\tau}{\lambda}\right)^{\frac{1}{2}-n}\frac{\varpi^{\frac{3}{8}}\Delta^{\frac{1}{4}}c^{\frac{1}{4}-n}u^{\frac{1}{8}+\frac{n}{2}}}{p^{\frac{1}{2}-\frac{n}{2}}}.$$

17. Cette formule varie avec n, c'est-à-dire avec le module dont n dépend par la relation (15). On peut l'appliquer, par approximation, en attribuant à n une valeur constante, dans des conditions de chargement telles que le module reste compris entre certaines limites.

Parmi les diverses formes que peut prendre l'expression monôme de la vitesse, il y a lieu de mentionner spécialement celles qui correspondent aux valeurs $\frac{9}{11}$ et $\frac{6}{10}$ du module.

Les valeurs correspondantes de n sont simples, et les formules de la vitesse qui en résultent se prêtent très bien au calcul numérique.

On verra, de plus, qu'il y a des motifs de considérer $\frac{9}{11}$ et $\frac{6}{10}$ comme des limites entre lesquelles le module doit être compris, pour que les conditions pratiques du chargement puissent être regardées comme satisfaisantes.

Ces deux formules sont les suivantes :

$$(18) \quad \left\{ \begin{array}{c} x = \frac{9}{11}, \quad n = \frac{1}{8}, \\[2mm] v = \mathrm{M} \left(\dfrac{fa}{\tau} \right)^{\frac{1}{2}} \left(\dfrac{\tau}{\lambda} \right)^{\frac{3}{8}} \dfrac{\varpi^{\frac{3}{8}} \Delta^{\frac{1}{4}} c^{\frac{1}{8}} u^{\frac{3}{16}}}{p^{\frac{7}{16}}}; \end{array} \right.$$

$$(19) \quad \left\{ \begin{array}{c} x = \frac{6}{10}, \quad n = \frac{1}{4}, \\[2mm] v = \mathrm{M} \left(\dfrac{fa}{\tau} \right)^{\frac{1}{2}} \left(\dfrac{\tau}{\lambda} \right)^{\frac{1}{4}} \dfrac{\varpi^{\frac{3}{8}} \Delta^{\frac{1}{4}} u^{\frac{1}{4}}}{p^{\frac{3}{8}}}. \end{array} \right.$$

Les expressions (18) et (19) de la vitesse coïncident avec celles que nous avons obtenues autrement dans un Mémoire précédent (p. 7). Nous avons constaté, dans ce travail, que la première de ces expressions représentait, avec une exactitude satisfaisante, les vitesses réalisées dans les conditions habituelles de la pratique. On peut l'employer dans les cas qui, d'après l'échelle des modules proposée au n° 12, correspond à l'emploi d'une poudre *vive*. L'expression (19) correspond à l'emploi d'une poudre *lente*.

18. *Limite de l'emploi de la formule binôme des vitesses.* — Si, conformément à ce qui a été dit au n° 10, la vitesse croît continûment lorsque τ diminue, la valeur τ_1, qui rend la formule binôme des vitesses un maximum, doit être considérée comme fixant la limite extrême de l'emploi de cette formule.

La formule binôme ne doit pas, en conséquence, être appliquée au tir de poudres plus vives que celles du maximum. Le calcul avertit que cette circonstance se produit, le second terme du facteur $1 - \mathrm{B}\beta \dfrac{(pu)^{\frac{1}{2}}}{c}$ ayant alors une valeur numérique supérieure à la valeur $\frac{1}{3}$ qui correspond au maximum.

Il convient même de borner l'usage de la formule aux cas où le module est inférieur à une limite plus petite que l'unité. Il se peut en effet que, pour des valeurs supérieures, τ se rapprochant de τ_1, l'expression théorique devienne trop rapidement stationnaire et cesse de représenter exactement la variation réelle de la vitesse.

Si l'on adopte $\frac{9}{11}$ comme limite supérieure du module, on doit cesser d'employer la formule binôme lorsque, en effectuant le calcul, on trouve la valeur du terme soustractif supérieure au $\frac{1}{3}$ de $\frac{9}{11}$, soit 0,273 environ.

19. *Emploi de la formule monôme pour des poudres très vives.* — Quand le module est supérieur à $\frac{9}{11}$, on peut suppléer à l'insuffisance de la formule binôme par l'emploi de la formule monôme (18); en effet, la seconde de ces formules se confond sensiblement avec la première pour des valeurs du module voisines de $\frac{9}{11}$, et elle croît continûment avec le module au lieu de passer par un maximum. On conçoit donc qu'elle puisse représenter exactement la vitesse dans tous les cas où l'on emploie des poudres très vives, et c'est ce que nous avons effectivement vérifié, dans un autre travail, en comparant les vitesses ainsi calculées aux vitesses mesurées dans des conditions très variées de chargement.

La formule (18), qui complète ainsi l'expression (1) de la vitesse initiale, peut s'écrire, en ayant égard aux valeurs (2) des caractéristiques,

$$(20) \qquad v = \mathrm{M}\,\frac{\alpha}{\beta^{\frac{3}{8}}}\,\frac{\varpi^{\frac{3}{8}}\,\Delta^{\frac{1}{4}}\,c^{\frac{1}{8}}\,u^{\frac{3}{16}}}{p^{\frac{7}{16}}};$$

et il suffit, pour avoir la valeur de la constante M, de connaître la vitesse donnée par une poudre dont les caractéristiques sont connues dans une condition particulière de tir.

On peut se servir, à cet effet, du tir d'épreuve de la poudre W (13-16) dans le canon de 24^{cm}.

On a, dans ce cas, les unités étant le kilogramme et le décimètre,

$$c = 2{,}42, \quad u = 38{,}2, \quad p = 144,$$
$$\varpi = 28, \quad \Delta = 0{,}800, \quad v = 4410,$$
$$\log \alpha = 0{,}20513, \quad \log \beta = \overline{1}{,}92993,$$

et on en déduit

$$\log \mathrm{M} = 3{,}49425.$$

20. *Table de la fonction $f(x)$.* — Suivant la méthode d'approximation indiquée dans le numéro précédent, la fonction $f(x)$, qui sert à exprimer la vitesse en fonction du module suivant la relation (12), est représentée par l'expression (11) pour les valeurs de x inférieures à $\frac{9}{11}$, et par l'expression $\mathrm{N}x^{\frac{1}{6}}$ pour des valeurs de x supérieures à $\frac{9}{11}$.

On détermine la constante N en égalant les deux expressions pour $x = \frac{9}{11}$.

La Table ci-après fait connaître les valeurs de $f(x)$ pour des valeurs du module croissant, par degrés égaux à o,1, de o,5 à 1,2.

$x.$	$\log f(x).$	$f(x).$
1,2	0,01501	1,0352
1,1	0,01028	1,0240
1,0	0,00511	1,0118
0,9	$\overline{1}$,99939	0,9986
0,8	$\overline{1}$,99293	0,9839
0,7	$\overline{1}$,98325	0,9622
0,6	$\overline{1}$,96825	0,9295
0,5	$\overline{1}$,94639	0,8839

21. D'après les relations (12), (13) et (14), lorsque l'on change la durée de combustion de la poudre en conservant tous les autres éléments du chargement, la pression maximum sur le projectile ou sur la culasse varie comme le module x de la poudre, et la vitesse varie comme la fonction $f(x)$ de ce module. Par suite, la Table du numéro précédent, qui donne les valeurs correspondantes de x et de $f(x)$, permet de comparer les valeurs correspondantes de la pression maximum et de la vitesse.

L'examen de cette Table montre que, lorsque le module croît, la variation de la vitesse devient très petite par rapport à celle de la pression maximum.

CHAPITRE III.

INFLUENCE DES ÉLÉMENTS DU CHARGEMENT SUR LES VITESSES ET LES PRESSIONS.

---

22. Considérons comme des données, dans une bouche à feu, les quantités

$$c, \quad u, \quad p$$

(calibre, longueur de parcours et poids du projectile).

Pour une même valeur de la force de la poudre et une même forme de grain, les variables dont on dispose pour obtenir avec ces données une vitesse déterminée sont

$$\varpi, \quad \Delta, \quad \tau$$

(poids de la charge, densité de chargement et durée de combustion du grain), et il existe une infinité de systèmes de valeurs de ces variables donnant la même vitesse avec des pressions maxima différentes ou la même pression avec des vitesses différentes.

On a vu que les pressions maxima exercées sur le projectile et sur la culasse ont des valeurs différentes; nous ne nous occuperons, dans ce Chapitre, que de la pression sur la culasse, dont la considération est surtout utile dans l'étude d'une bouche à feu.

23. *Variations totales de la vitesse et de la pression maximum.* — Cherchons la variation de la vitesse v et celle de la pression maximum P_0 correspondant à des accroissements très petits des variables ϖ, Δ, τ. En différentiant les logarithmes népériens des expressions (12) et (14), il vient

$$(21) \quad \left\{ \begin{array}{l} \dfrac{dv}{v} = \dfrac{3}{8}\dfrac{d\varpi}{\varpi} + \dfrac{1}{4}\dfrac{d\Delta}{\Delta} + \dfrac{f'(x)}{f(x)}\,dx, \\[2ex] \dfrac{dP_0}{P_0} = \dfrac{3}{4}\dfrac{d\varpi}{\varpi} + \dfrac{d\Delta}{\Delta} + \dfrac{dx}{x}. \end{array} \right.$$

D'ailleurs, en désignant par τ_1 la durée de combustion qui, dans l'arme considérée, correspond au maximum théorique de la vitesse, on a, par définition,

$$x = \frac{\tau_1}{\tau}.$$

τ_1 étant indépendant de ϖ et Δ, on en déduit

$$\frac{dx}{x} = - \frac{d\tau}{\tau}.$$

Remplaçant dx par $-\frac{x}{\tau} d\tau$ dans les relations (21) et posant, comme précédemment,

$$(22) \qquad n = x \frac{f'(x)}{f(x)},$$

on a définitivement les valeurs

$$(23) \qquad \begin{cases} \dfrac{dv}{v} = \dfrac{3}{8} \dfrac{d\varpi}{\varpi} + \dfrac{1}{4} \dfrac{d\Delta}{\Delta} - n \dfrac{d\tau}{\tau}, \\[2mm] \dfrac{dP_0}{P_0} = \dfrac{3}{4} \dfrac{d\varpi}{\varpi} + \dfrac{d\Delta}{\Delta} - \dfrac{d\tau}{\tau}. \end{cases}$$

Il résulte de la méthode d'approximation adoptée au n° 19 que la valeur de n est égale à $\frac{1}{8}$ quand le module est supérieur à $\frac{9}{11}$, et qu'elle est donnée par la formule (15) quand le module est inférieur à $\frac{9}{11}$.

La valeur de n croît quand le module décroît à partir de $\frac{9}{11}$; elle est égale à $\frac{1}{4}$ quand le module a la valeur $\frac{6}{10}$ qui, d'après l'échelle du n° 12, correspond à l'emploi d'une poudre très lente.

24. *Variation de la vitesse correspondant à une valeur constante de la pression maximum.* — Nous allons, à l'aide des valeurs (23), examiner comment varie la vitesse lorsque les éléments ϖ, Δ, τ varient de manière que la pression maximum reste constante.

Les règles suivantes, très utiles dans la pratique, sont établies en supposant successivement que deux des variables changent, la troisième restant constante.

1° Δ, τ *variables; ϖ constant.* — La pression P_0 restant constante, on a $dP_0 = 0$; la variation $d\varpi$ étant également nulle, la deuxième des relations (23) donne la condition

$$\frac{d\tau}{\tau} = \frac{d\Delta}{\Delta}.$$

58 ÉMILE SARRAU.

Il en résulte,

$$(24) \qquad \frac{dv}{v} = \left(\tfrac{1}{4} - n\right) \frac{d\Delta}{\Delta}.$$

Si le module est supérieur à la valeur $\frac{6}{10}$, correspondant à l'emploi d'une poudre *très lente*, le facteur $\frac{1}{4} - n$ est positif et, par suite, v croît avec Δ. On peut alors énoncer cette règle :

Lorsque, pour un même poids de la charge, la densité de chargement et la durée de combustion augmentent de manière que la pression maximum reste la même, la vitesse augmente.

$2°$ ϖ, τ *variables;* Δ *constant.* — En supposant nuls dP_0 et $d\Delta$ dans les équations (23), on en déduit la relation

$$(25) \qquad \frac{dv}{v} = \tfrac{3}{4}\left(\tfrac{1}{2} - n\right) \frac{d\varpi}{\varpi}.$$

Or, il résulte de la formule (15) que la valeur n se réduit à $\frac{1}{2}$ pour une valeur nulle du module et est moindre que $\frac{1}{2}$ pour toute autre valeur du module ; par suite, le facteur $\frac{1}{2} - n$ est toujours positif et v croît avec ϖ. On en conclut la règle suivante :

Lorsque, pour une même densité de chargement, le poids de la charge et la durée de combustion augmentent de manière que la pression maximum reste la même, la vitesse augmente.

$3°$ ϖ, Δ *variables;* τ *constant.* — Les conditions $dP_0 = 0$, $d\tau = 0$ conduisent à la relation

$$(26) \qquad \frac{dv}{v} = \frac{1}{4} \frac{d\varpi}{\varpi}.$$

En conséquence :

Lorsque, avec la même poudre, le poids de la charge augmente et la densité de chargement diminue de manière que la pression maximum reste la même, la vitesse augmente.

25. ϖ, τ *variables dans une chambre de capacité invariable.* — Les calculs du numéro précédent supposent que l'on peut disposer du volume de la chambre à poudre ; mais ce volume peut être déterminé. C'est ce qui a lieu quand il s'agit d'améliorer les conditions de tir d'une bouche à feu existante.

Dans ce cas, en désignant par s la capacité de la chambre à poudre, on a $\Delta = \dfrac{\varpi}{s}$ et $\dfrac{d\Delta}{\Delta} = \dfrac{d\varpi}{\varpi}$. Par suite, les relations (23) deviennent

$$(27) \qquad \begin{cases} \dfrac{dv}{v} = \dfrac{5}{8}\,\dfrac{d\varpi}{\varpi} - n\,\dfrac{d\tau}{\tau}, \\[2ex] \dfrac{dP_0}{P_0} = \dfrac{7}{4}\,\dfrac{d\varpi}{\varpi} - \dfrac{d\tau}{\tau}. \end{cases}$$

Si l'on suppose que ϖ et τ varient de manière que P_0 reste constant, on a la condition

$$\frac{d\tau}{\tau} = \frac{7}{4}\,\frac{d\varpi}{\varpi},$$

d'où résulte la relation

$$(28) \qquad \frac{dv}{v} = \tfrac{7}{4}\left(\tfrac{5}{14} - n\right)\frac{d\varpi}{\varpi}.$$

La quantité n étant notablement inférieure à $\frac{5}{14}$ dans les conditions habituelles de la pratique, la relation (28) montre que v croît avec ϖ. Donc :

Dans une bouche à feu donnée, lorsque la charge et la durée de combustion augmentent de manière que la pression reste constante, la vitesse augmente.

On peut par conséquent, si la chambre a des dimensions suffisantes, augmenter la vitesse sans changer la pression par l'emploi d'une charge plus forte et d'une poudre plus lente.

26. *Variations correspondantes de la vitesse et de la durée de combustion.* — On peut déduire de la première formule (27) la variation de la vitesse correspondant à une variation très petite de la durée de combustion de la poudre. En supposant en effet que ϖ reste constant, on a

$$(29) \qquad \frac{dv}{v} = -\,n\,\frac{d\tau}{\tau}.$$

La valeur de n croît quand le module décroît; par suite, une même variation relative de la durée de combustion de la poudre a, sur la valeur de la vitesse, une influence d'autant plus grande que la poudre est plus lente.

27. *Variations correspondantes de la vitesse et de la pression maximum.* — Supposons que la durée de la combustion reçoive une variation très petite $d\tau$, tous les autres éléments du tir restant constants ; la seconde formule (27) donne, pour la variation correspondante de la pression maximum,

$$(30) \qquad \frac{d\mathrm{P}_0}{\mathrm{P}_0} = -\frac{d\tau}{\tau}.$$

En éliminant $d\tau$ entre les relations (29) et (30), on obtient la formule très simple

$$(31) \qquad \frac{dv}{v} = n\,\frac{d\mathrm{P}_0}{\mathrm{P}_0}.$$

La valeur de n est donnée par la formule (15) quand le module est inférieur à $\frac{8}{11}$, et cette valeur est égale à $\frac{1}{8}$ quand le module est supérieur à $\frac{9}{11}$.

28. *Limites du module.* — Nous avons dit (nº **17**) que les valeurs $\frac{9}{11}$ et $\frac{8}{10}$ pouvaient être considérées comme des limites que le module ne doit pas dépasser dans la pratique. Le choix de ces limites se justifie comme il suit.

Quand le module dépasse $\frac{9}{11}$, la variation relative de la vitesse n'est, d'après la relation (31), que le $\frac{1}{8}$ de la variation relative de la pression maximum. Par suite, un accroissement sensible de la vitesse ne s'obtient qu'avec un accroissement considérable de la pression, et l'effet utile est réalisé dans des conditions défavorables à la conservation de la bouche à feu.

Cet inconvénient s'atténue quand le module diminue à partir de $\frac{9}{11}$, parce que la valeur de n s'accroît ; mais alors la variation relative de la vitesse correspondant à une même variation relative de la durée de combustion croît d'après la relation (29), de sorte que l'influence des irrégularités accidentelles de la poudre sur la vitesse grandit continûment. Il y a donc lieu de fixer une limite inférieure du module pour conserver aux vitesses une régularité suffisante. Nous supposerons cette limite égale à $\frac{8}{10}$.

Le Tableau IV (p. 97) donne des exemples de poudres fonctionnant aux limites.

La poudre C_2 dans le canon de 80^{mm} (de campagne), et la poudre

SP_2 dans le canon de 155^{mm}, sont dans le voisinage de la limite supérieure.

La poudre SP_1 dans le canon de 80^{mm}, et la poudre W (13-16) dans le canon de 10^{cm}, sont un peu au-dessus de la limite inférieure.

Il semble, en effet, difficile d'employer une poudre sensiblement plus lente que la poudre SP_1 dans le canon de 80^{mm} et que la poudre W (13-16) dans le canon de 10^{cm}, et les appréciations des praticiens seront sans doute concordantes à cet égard.

Peut-être estimera-t-on, au contraire, que notre limite supérieure peut être dépassée; il existe, en effet, dans l'armement actuel, de nombreuses conditions de tir telles que le module excède $\frac{9}{11}$ et même l'unité; mais nous pensons que ces conditions sont en général désavantageuses et que, sauf quelques cas spéciaux, la nécessité d'obtenir la plus grande puissance compatible avec la résistance des bouches à feu conduira peu à peu à les modifier.

29. *Effet de la tolérance des épreuves de réception.* — La fabrication des poudres comporte des irrégularités, par suite desquelles des lots différents donnent des vitesses différentes à l'épreuve, et les conditions de réception fixent des limites que les vitesses mesurées ne doivent pas dépasser. On peut apprécier, à l'aide des formules précédentes, l'influence que la tolérance admise dans l'épreuve de réception d'une poudre exerce sur le tir de cette poudre dans une arme autre que l'éprouvette.

Supposons que la durée de combustion du grain soit l'élément qui varie par suite des irrégularités de la fabrication. Désignons par τ la durée de combustion qui, pour une forme donnée du grain, donne à l'épreuve la vitesse *normale,* c'est-à-dire égale à la moyenne des limites, et admettons que, pour un lot particulier, cette durée éprouve une variation très petite $d\tau$. La variation correspondante de la vitesse dans une arme quelconque est donnée par la formule (29).

En désignant par n_0 la valeur de n dans l'éprouvette et par v_0 la vitesse moyenne de réception, on a de même

$$\frac{dv_0}{v_0} = - n_0 \frac{d\tau}{\tau}.$$

On en conclut

$$(32) \qquad \frac{dv}{v} = \frac{n}{n_0} \frac{dv_0}{v_0}.$$

Si l'on suppose, en particulier, que dv_0 représente le maximum de l'écart toléré par l'épreuve de réception, la relation (32) donne la différence de vitesse qui en résulte dans une autre bouche à feu. Si, donc, l'on désigne par ε_0 la différence des limites de réception et par ε le maximum de l'écart des vitesses dans une arme quelconque, on a la formule

$$(33) \qquad \varepsilon = \frac{n v}{n_0 v_0} \varepsilon_0.$$

Nous rappelons que, dans cette formule, le coefficient n est exprimé en fonction du module suivant la relation (15), et que, lorsque le module dépasse $\frac{9}{11}$, on doit, pour se conformer à l'approximation du n° 19, prendre la valeur de n égale à $\frac{1}{8} = 0,125$.

30. *Exemples numériques.* — 1° La poudre W (13-16) est reçue dans le canon de 24^{cm} dans des conditions telles que

$$\varepsilon_0 = 9^m, \quad v_0 = 441^m, \quad x_0 = 1,194 \ (^1), \quad n_0 = 0,125.$$

Si l'on emploie la même poudre dans le canon de 10^{cm} ($p = 12$, $u = 22,6$), pour obtenir une vitesse de 485^m, on a

$$v = 485^m, \quad x = 0,642 \ (^1), \quad n = 0,255,$$

et, en appliquant la formule (33), on trouve

$$\varepsilon = 20^m, 2.$$

2° La poudre SP_1 est reçue dans le canon de 155^{mm} ($p = 40$, $u = 52,2$) dans des conditions telles que

$$\varepsilon_0 = 8^m, \quad v_0 = 455^m, \quad x_0 = 1,263 \ (^1), \quad n_0 = 0,125.$$

Si l'on emploie la même poudre dans le canon de 90^{mm} ($p = 8$,

---

(¹) Voir le Tableau IV (p. 97).

$u = 16,7$), pour obtenir une vitesse de 500^m, on a

$$v = 500^m, \quad x = 0,697, \quad n = 0,197,$$

et, en appliquant la formule (33), on trouve

$$\varepsilon = 13^m,9.$$

CHAPITRE IV.

FORMULES CONCERNANT LES PROJETS DE BOUCHES A FEU.

31. Le problème à résoudre est le suivant :

Le calibre d'une arme et le poids du projectile étant donnés, déterminer les dispositions à adopter pour réaliser une vitesse initiale et une pression maximum données.

La pression maximum sur la culasse mesure le plus grand effort supporté par la paroi intérieure de l'arme. Sa valeur doit être considérée comme fixée par la limite de résistance de la pièce, et cet élément est, par suite, celui qu'il y a lieu d'introduire dans les formules.

Nous commencerons cependant par résoudre le problème, en supposant donnée la pression maximum sur le projectile. La simplicité des formules obtenues dans cette hypothèse est telle qu'il y a avantage, croyons-nous, à les signaler. Nous transformons ensuite ces formules de manière à introduire la pression maximum sur la culasse.

32. *Données :* v, P. — Le calibre de la pièce et le poids étant fixés, les variables dont on dispose, pour obtenir une vitesse initiale v et une pression maximum P sur le projectile, sont

$$u, \varpi, \Delta; \quad f, a, \lambda, \tau.$$

Les trois premières de ces variables sont relatives à la pièce, les autres à la poudre.

Si l'on se donne f en fixant le mode de fabrication de la poudre, et les coefficients a, λ en fixant la forme du grain, le nombre des variables est réduit à quatre : u, ϖ, Δ, τ, et la vitesse v, ainsi que la pression maximum, sont des fonctions de ces variables dont les relations (1) et (4) font connaître la forme. Ces relations sont les suivantes :

$$(34) \qquad v = A v \left(\frac{fa}{\tau}\right)^{\frac{1}{2}} (\varpi u)^{\frac{3}{8}} \left(\frac{\Delta}{pc}\right)^{\frac{1}{4}} \left[1 - B \frac{\lambda}{\tau} \frac{(pu)^{\frac{1}{2}}}{c}\right],$$

$$(35) \qquad P = K \frac{fa}{\tau} \frac{\Delta(p\varpi)^{\frac{1}{2}}}{c^2}.$$

En y considérant v et P comme des données, elles donnent deux équations à l'aide desquelles on peut résoudre ce problème :

Étant données deux des quatre variables ϖ, u, Δ, τ, déterminer les deux autres, de manière que la vitesse et la pression maximum aient des valeurs données.

33. Les équations données (34) et (35) ne sont résolubles que dans le cas où l'on considère u, τ comme des données et ϖ, Δ comme les inconnues.

On parvient au contraire à mettre, dans tous les cas, les inconnues sous forme explicite en prenant le module comme variable auxiliaire.

Il faut alors considérer les relations (12) et (13), qui donnent v et P en fonction du module x et des variables u, ϖ, Δ, et y joindre la relation (9) qui existe entre le module et les variables u, τ. On a ainsi trois équations

$$(36) \qquad v = \tfrac{2}{3} A (3B)^{-\frac{1}{2}} \left(\frac{fa}{\lambda}\right)^{-\frac{1}{2}} \frac{\varpi^{\frac{3}{8}} \Delta^{\frac{1}{4}} c^{\frac{1}{4}} u^{\frac{1}{8}}}{p^{\frac{1}{2}}} f(x),$$

$$(37) \qquad P = K (3B)^{-1} \frac{fa}{\lambda} \frac{\Delta \varpi^{\frac{1}{2}}}{c u^{\frac{1}{2}}} x,$$

$$(38) \qquad x = 3B \frac{\lambda}{\tau} \frac{(pu)^{\frac{1}{2}}}{c},$$

qui donnent la solution de ce problème :

Étant donnés le module et une des quatre variables u, ϖ, Δ, τ, déterminer les trois autres de manière que la vitesse et la pression maximum aient des valeurs données.

34. Dans la pratique, la densité de chargement doit nécessairement rester comprise entre des limites assez rapprochées ; il convient donc de considérer cette variable comme une donnée, pour lui attribuer sûrement une valeur admissible. En conséquence, on peut définitivement fixer comme il suit l'énoncé du problème à résoudre pour l'établissement d'un projet de bouche à feu :

Étant donnés le module et la densité de chargement, déterminer le poids de la charge, la longueur de parcours et la durée de combustion de la poudre, de manière que la vitesse et la pression maximum aient des valeurs données.

Il importe de remarquer que, dans cet énoncé, le module intervient comme une donnée dont la valeur est arbitraire ; on peut donc le choisir à priori de manière que sa valeur soit comprise entre les limites qu'il convient de ne pas dépasser, d'après les considérations du n° 28, pour réaliser avantageusement l'effet utile et pour assurer la régularité des vitesses.

35. Le problème étant ainsi posé, sa solution se déduit aisément des relations (36), (37) et (38).

Les deux premières de ces relations déterminent ϖ et u. Pour éliminer u, il suffit de multiplier membre à membre les équations (36) et (37) respectivement élevées aux puissances 2 et $\frac{1}{2}$. On obtient ainsi la valeur de ϖ ; l'équation (37) donne ensuite celle de u. Enfin, on déduit τ de l'équation (38).

Le système des valeurs de ϖ, u, τ, auquel on parvient ainsi, est le suivant :

$$(39) \qquad \frac{\varpi}{p} = H_1 \left(\frac{fa}{\lambda} \right)^{-\frac{3}{2}} \frac{v^2 P^{\frac{1}{2}}}{\Delta} \varphi(x),$$

$$(40) \qquad u = H_2 \left(\frac{fa}{\lambda} \right)^{\frac{1}{2}} \frac{\Delta p v^2}{c^2 P^{\frac{3}{2}}} \psi(x),$$

$$(41) \qquad \tau = H_3 \frac{\lambda (pu)^{\frac{1}{2}}}{c} \frac{1}{x},$$

dans lequel on a posé, pour abréger,

$$(42) \quad \begin{cases} H_1 = \tfrac{9}{4} A^{-2}(3B)^{\frac{3}{2}} K^{-\frac{1}{2}}, \\[2mm] H_2 = \tfrac{9}{4} A^{-2}(3B)^{-\frac{1}{2}} K^{\frac{3}{2}}, \\[2mm] H_3 = 3B; \end{cases}$$

$$(43) \quad \varphi(x) = x^{-\frac{1}{2}} f(x)^{-2}, \quad \psi(x) = x^{\frac{3}{2}} f(x)^{-2}.$$

Les valeurs des coefficients A, B, K, qui servent à calculer les constantes H_1, H_2, H_3, ont été données aux n°s 5 et 7. On a

$$\begin{aligned} \log A &= 3,16767, \\ \log B &= \overline{2},18373, \\ \log K &= 3,96197, \end{aligned}$$

et on en déduit

$$(44) \quad \begin{cases} \log H_1 = \overline{10},02713, \\ \log H_2 = 0,62937, \\ \log H_3 = \overline{2},66085. \end{cases}$$

36. *Données :* v, P_0. — Supposons maintenant que, au lieu de donner la pression maximum P sur le projectile, on donne la pression maximum P_0 sur la culasse. Les formules qui servent à résoudre dans ce cas le problème du n° 34 se déduisent des précédentes en y remplaçant, suivant la remarque du n° 9, P par P_0 et K par $K_0 \left(\dfrac{\varpi}{p}\right)^{\frac{1}{4}}$.

Les formules (39), (40) et (41) sont alors remplacées par les suivantes :

$$(45) \quad \left(\frac{\varpi}{p}\right)^{\frac{9}{8}} = K_1 \left(\frac{fa}{\lambda}\right)^{-\frac{3}{2}} \frac{v^2 P_0^{\frac{1}{2}}}{\Delta} \varphi(x),$$

$$(46) \quad u = K_2 \left(\frac{fa}{\lambda}\right)^{\frac{1}{2}} \frac{\Delta p v^2}{c^2 P_0^{\frac{3}{2}}} \left(\frac{\varpi}{p}\right)^{\frac{3}{8}} \psi(x),$$

$$(47) \quad \tau = K_3 \frac{\lambda (pu)^{\frac{1}{2}}}{c} \frac{1}{x},$$

dans lesquelles les valeurs des constantes K_1, K_2, K_3 se déduisent de celles des constantes H_1, H_2, H_3 données précédemment, en y remplaçant K par K_0.

La valeur numérique de K_0 a été donnée au n° 8 ; on peut donc calculer les constantes des nouvelles formules. On trouve

$$(48) \qquad \begin{cases} \log K_1 = \overline{11},88266 \\ \log K_2 = 1,06279 \\ \log K_3 = \overline{2},66085. \end{cases}$$

Les fonctions φ et ψ du module sont toujours déterminées par les relations (43).

37. *Table des fonctions* $\varphi(x)$ *et* $\psi(x)$. — D'après le n° 20, la fonction $f(x)$ est représentée, pour les valeurs du module inférieures à $\frac{9}{11}$, par l'expression (11)

$$f(x) = \tfrac{1}{2}\, x^{\frac{1}{2}}(3 - x).$$

On en déduit alors, par suite des relations (43),

$$(49) \qquad \varphi(x) = \frac{4}{x^{\frac{3}{2}}(3 - x)^2}, \quad \psi(x) = \frac{4 x^{\frac{1}{2}}}{(3 - x)^2}.$$

Pour les valeurs de x supérieures à $\frac{9}{11}$, la fonction $f(x)$ est représentée par une expression de la forme $N x^{\frac{1}{8}}$, et l'on a

$$(50) \qquad \varphi(x) = N^{-2} x^{-\frac{3}{4}}, \quad \psi(x) = N^{-2}\, x^{\frac{5}{4}}.$$

On peut former une table des valeurs des fonctions φ et ψ, similaire de celle qui a été donnée, au n° 20, pour la fonction $f(x)$. Nous donnons ci-après cette Table (p. 68), pour des valeurs du module variant de $1,2$ à $0,5$ par degrés égaux à $0,1$. Cette Table donne aussi les valeurs de $\frac{1}{x}$, nécessaires au calcul de τ, d'après les relations (41) et (47).

x.	$\log\varphi(x)$.	$\log\psi(x)$.	$\log\dfrac{1}{x}$.
1,2	$\overline{1},93039$	0,08875	$\overline{1},92082$
1,1	$\overline{1},95874$	0,04152	$\overline{1},95861$
1,0	$\overline{1},98978$	$\overline{1},98978$	0,00000
0,9	0,02410	$\overline{1},93258$	0,04576
0,8	0,06259	$\overline{1},86877$	0,09691
0,7	0,11095	$\overline{1},80115$	0,15490
0,6	0,17442	$\overline{1},73072$	0,22185
0,5	0,25773	$\overline{1},65567$	0,39103

38. *Discussion.* — Les formules (39), (40) et (41) donnent les valeurs de ϖ, u, τ en fonction de v, P, x, Δ. Il importe de déterminer les lois suivant lesquelles les valeurs des inconnues dépendent de celles des données. Ces lois sont très simples quand on suppose que la pression maximum sur le projectile figure parmi les données; elles le sont un peu moins quand on donne la pression maximum sur la culasse, mais l'allûre générale des formules reste la même, et on peut se borner au premier cas pour étudier l'influence propre de chacune des variables.

Il convient, pour cette discussion, de substituer la valeur de u dans l'expression de τ. En posant alors

$$(51) \qquad H_4 = \tfrac{3}{2} A^{-1}(3\,B)^{\frac{3}{4}} K^{\frac{3}{4}},$$

$$(52) \qquad \chi(x) = x^{-\frac{1}{4}} f(x)^{-1},$$

les trois formules qui donnent la solution du problème peuvent s'écrire :

$$(53) \qquad \varpi = H_1 \left(\frac{fa}{\lambda}\right)^{-\frac{3}{2}} \frac{p v^2 P^{\frac{1}{2}}}{\Delta}\, \varphi(x),$$

$$(54) \qquad u = H_2 \left(\frac{fa}{\lambda}\right)^{\frac{1}{2}} \frac{p v^2 \Delta}{c^2 P^{\frac{3}{2}}}\, \psi(x),$$

$$(55) \qquad \tau = H_4 \left(\frac{fa}{\lambda}\right)^{\frac{1}{4}} \lambda \frac{p v \Delta^{\frac{1}{2}}}{c^2 P^{\frac{3}{4}}}\, \chi(x),$$

et l'on en déduit immédiatement les résultats suivants.

39. 1° Dans un calibre donné et pour des valeurs déterminées de la pression maximum, du module et de la densité de chargement :

Le poids de la charge et la longueur de parcours sont proportionnels à la force vive du projectile, c'est-à-dire à l'effet utile que l'on se propose de réaliser ;

La durée de combustion du grain est proportionnelle à la quantité de mouvement du projectile.

40. 2° Dans un calibre donné et pour des valeurs déterminées du poids du projectile, de la vitesse, du module et de la densité de chargement :

Le poids de la charge est proportionnel à la puissance $\frac{1}{2}$ de la pression maximum ;

La longueur de parcours est inversement proportionnelle à la puissance $\frac{3}{2}$ de la pression maximum ;

La durée de combustion est inversement proportionnelle à la puissance $\frac{3}{4}$ de la pression maximum.

Par suite, l'accroissement de la résistance de la bouche à feu permet de réaliser, avec le même module et la même densité de chargement, le même effet balistique, en diminuant la longueur de parcours, en augmentant la charge et en employant une poudre à combustion plus rapide.

41. 3° Dans un calibre donné et pour des valeurs déterminées du poids du projectile, de la vitesse, de la pression maximum et du module :

Le poids de la charge est inversement proportionnel à la densité de chargement ;

La longueur de parcours est proportionnelle à la densité de chargement ;

La durée de combustion est proportionnelle à la puissance $\frac{1}{2}$ de la densité de chargement.

Par suite, l'agrandissement de la chambre à poudre permet de réaliser, avec le même module, le même effet balistique en diminuant la longueur de parcours, en augmentant la charge et en employant une poudre à combustion plus rapide.

42. 4° Quand tous les éléments restent constants, sauf le module, ϖ, u, τ varient comme les fonctions $\varphi(x)$, $\psi(x)$, $\chi(x)$, dont le Tableau ci-après fait connaître l'allure :

x.	$\varphi(x)$.	$D\varphi(x)$.	$\psi(x)$.	$D\psi(x)$.	$\chi(x)$.	$D\chi(x)$.
1,2	0,852		1,227		0,923	
		0,057		0,126		0,031
1,1	0,909		1,101		0,954	
		0,068		0,124		0,034
1,0	0,977		0,977		0,988	
		0,080		0,121		0,040
0,9	1,057		0,856		1,028	
		0,098		0,117		0,047
0,8	1,155		0,739		1,075	
		0,136		0,106		0,061
0,7	1,291		0,633		1,136	
		0,203		0,095		0,086
0,6	1,494		0,538		1,222	
		0,316		0,085		0,123
0,5	1,810		0,453		1,345	

La fonction $\psi(x)$ croît et la fonction $\varphi(x)$ décroît quand le module diminue. Par suite, en adoptant une poudre plus lente, on peut obtenir la même vitesse et la même pression maximum en augmentant la charge et en diminuant la longueur de parcours.

43. *Influence de la nature de la poudre et de la forme du grain.* — Les valeurs de ϖ et de u dépendent de la nature de la poudre et de la forme du grain en raison du facteur $\dfrac{fa}{\lambda}$.

Le poids de la charge est inversement proportionnel à la puissance $\frac{3}{2}$ de $\dfrac{fa}{\lambda}$, et la longueur de parcours est proportionnelle à la puissance $\frac{1}{2}$ de la même quantité.

Par suite, les circonstances de la fabrication qui augmentent la valeur de $\dfrac{fa}{\lambda}$ permettent d'obtenir la même vitesse et la même pression maximum en diminuant la charge et en augmentant la longueur de parcours. On doit en même temps employer une poudre à combustion moins rapide.

On peut accroître la valeur de $\dfrac{fa}{\lambda}$:

1° En augmentant la force de la poudre. Cette augmentation serait considérable si l'on parvenait à rendre pratique l'emploi dans les armes du coton-poudre ou des picrates.

2° En adoptant des poudres à grains parallélipipédiques aplatis ou à grains cylindriques percés.

La valeur de u croissant avec celle de $\frac{fa}{\lambda}$, il serait sans doute nécessaire, si l'on parvenait à accroître notablement celle-ci, de diminuer Δ pour conserver à u des valeurs admissibles dans la pratique. Cette remarque conduit à supposer que l'emploi de poudres fortes ou de poudres prismatiques comporte l'adoption de faibles densités de chargement.

44. *Formules relatives à l'emploi de la même poudre dans des armes différentes.* — Ces formules donnent la solution du problème dont voici l'énoncé :

Étant données deux armes différentes, trouver les relations à établir entre les poids de la charge, les longueurs de parcours et les densités de chargement dans les deux armes, pour obtenir, avec des modules donnés, la même vitesse et la même pression maximum avec la même poudre.

Supposons que l'on donne la pression maximum sur la culasse. Désignons par P_0 sa valeur et par v celle de la vitesse que l'on veut obtenir. Les conditions du tir doivent être telles que les valeurs de v et de P_0 soient les mêmes dans les deux armes.

Soient c, p, ϖ, u, Δ, x les éléments de l'une des deux bouches à feu, et c', p', ϖ', u', Δ', x' les éléments homologues de l'autre.

Les quantités relatives à la première pièce sont liées par les relations (45), (46) et (47), et l'on a, pour la seconde pièce, trois relations analogues, que l'on déduit des précédentes en affectant d'un accent les variables dont les valeurs sont différentes. Les valeurs de f, a, λ, τ ne changent pas, la poudre étant la même dans les deux armes.

On a, par suite, les équations

$$56) \quad \left(\frac{\varpi}{p}\right)^{\frac{9}{8}} = K_1\left(\frac{fa}{\lambda}\right)^{-\frac{3}{2}} \frac{v^2 P_0^{\frac{1}{2}}}{\Delta}\varphi(x), \qquad \left(\frac{\varpi'}{p'}\right)^{\frac{9}{8}} = K_1\left(\frac{fa}{\lambda}\right)^{-\frac{3}{2}} \frac{v^2 P_0^{\frac{1}{2}}}{\Delta'}\varphi(x'),$$

$$57) \quad u = K_2\left(\frac{fa}{\lambda}\right)^{\frac{1}{2}} \frac{\Delta p v^2}{c^2 P_0^{\frac{3}{2}}}\left(\frac{\varpi}{p}\right)^{\frac{3}{8}}\psi(x), \qquad u' = K_2\left(\frac{fa}{\lambda}\right)^{\frac{1}{2}} \frac{\Delta' p' v^2}{c'^2 P_0^{\frac{3}{2}}}\left(\frac{\varpi'}{p'}\right)^{\frac{3}{8}}\psi(x'),$$

$$58) \quad \tau = K_3\frac{\lambda(pu)^{\frac{1}{2}}}{cx}, \qquad\qquad \tau = K_3\frac{\lambda(p'u')^{\frac{1}{2}}}{c'x'}.$$

Cela posé, on tire :

$1°$ Des équations (56)

$$(59) \qquad \frac{\left(\dfrac{\varpi'}{p'}\right)^{\frac{9}{8}}}{\left(\dfrac{\varpi}{p}\right)^{\frac{9}{8}}} = \frac{\Delta\,\varphi(x')}{\Delta'\,\varphi(x)};$$

$2°$ Des équations (57)

$$(60) \qquad \frac{u'}{u} = \frac{\Delta' p'}{\Delta p}\left(\frac{c}{c'}\right)^2 \frac{\psi(x')}{\psi(x)} \frac{\left(\dfrac{\varpi'}{p'}\right)^{\frac{3}{8}}}{\left(\dfrac{\varpi}{p}\right)^{\frac{3}{8}}};$$

$3°$ Des équations (58)

$$(61) \qquad \frac{(p'u')^{\frac{1}{2}}}{c'x'} = \frac{(pu)^{\frac{1}{2}}}{cx}.$$

De ces trois dernières relations, on déduit les valeurs de

$$\frac{\Delta'}{\Delta}, \quad \frac{\left(\dfrac{u'}{c'}\right)}{\left(\dfrac{u}{c}\right)}, \quad \frac{\left(\dfrac{\varpi'}{p'}\right)}{\left(\dfrac{\varpi}{p}\right)},$$

qui fournissent la solution du problème.

45. En effet, l'équation (61) donne d'abord la relation

$$(62) \qquad \frac{u'}{u} = \frac{p}{p'}\left(\frac{c'x'}{cx}\right)^2.$$

Ensuite, l'équation (60) devient, en y remplaçant $\dfrac{u'}{u}$ par sa valeur (62) et en tenant compte de la relation (59),

$$(63) \qquad \frac{\Delta'}{\Delta} = \left(\frac{p}{p'}\right)^3 \left(\frac{c'}{c}\right)^6 \left[\frac{\psi(x)}{\psi(x')}\right]^{\frac{3}{2}} \left[\frac{\varphi(x)}{\varphi(x')}\right]^{\frac{1}{2}} \left(\frac{x'}{x}\right)^3.$$

Or, d'après les valeurs (43) des fonctions $\varphi(x)$ et $\psi(x)$, on a

$$\psi(x) = x^2 \varphi(x),$$

et, par suite,

$$\left[\frac{\psi(x)}{\psi(x')}\right]^{\frac{3}{2}} = \left(\frac{x}{x'}\right)^3 \left[\frac{\varphi(x)}{\varphi(x')}\right]^{\frac{3}{2}}.$$

L'équation (63) peut donc s'écrire

$$(64) \qquad \frac{\Delta'}{\Delta} = \left(\frac{p}{p'}\right)^3 \left(\frac{c'}{c}\right)^6 \left[\frac{\varphi(x)}{\varphi(x')}\right]^2.$$

En réunissant les équations (59), (62) et (64), on peut mettre sous la forme suivante le système de formules qui résout la question :

$$(65) \qquad \frac{\left(\dfrac{u'}{c'}\right)}{\left(\dfrac{u}{c}\right)} = \frac{pc'}{p'c}\left(\frac{x'}{x}\right)^2,$$

$$(66) \qquad \frac{\Delta'}{\Delta} = \left(\frac{p}{p'}\right)^3 \left(\frac{c'}{c}\right)^6 \left[\frac{\varphi(x)}{\varphi(x')}\right]^2,$$

$$(67) \qquad \frac{\left(\dfrac{\varpi'}{p'}\right)}{\left(\dfrac{\varpi}{p}\right)} = \left[\frac{\Delta\varphi(x')}{\Delta'\varphi(x)}\right]^{\frac{8}{9}}.$$

Nous donnerons, dans le Chapitre suivant, des applications de ces formules.

46. Si les deux armes sont semblables, on a $\dfrac{p'}{p} = \left(\dfrac{c'}{c}\right)^3$, et le système ci-dessus peut être remplacé par le suivant :

$$(68) \qquad \frac{\left(\dfrac{u'}{c'}\right)}{\left(\dfrac{u}{c}\right)} = \left(\frac{cx'}{c'x}\right)^2,$$

$$(69) \qquad \frac{\Delta'}{\Delta} = \left(\frac{c}{c'}\right)^3 \left[\frac{\varphi(x)}{\varphi(x')}\right]^2,$$

$$(70) \qquad \frac{\left(\dfrac{\varpi'}{p'}\right)}{\left(\dfrac{\varpi}{p}\right)} = \left[\frac{c'\varphi(x')}{c\varphi(x)}\right]^{\frac{8}{3}}.$$

CHAPITRE V.

APPLICATIONS NUMÉRIQUES.

---

47. Pour éclaircir les théories précédentes, nous donnerons des exemples de leur application aux principaux problèmes de la pratique des bouches à feu.

Ces problèmes sont les suivants :

1° *Calcul de la vitesse initiale et de la pression maximum obtenues dans une bouche à feu déterminée, dans des conditions données de chargement, avec une poudre dont les caractéristiques sont connues ;*

2° *Détermination des caractéristiques d'une poudre ;*

3° *Étude d'une bouche à feu existante ;*

4° *Détermination des dimensions intérieures, des conditions de chargement et de la poudre à adopter pour obtenir, avec des valeurs déterminées du calibre et du poids du projectile, une vitesse initiale et une pression maximum données ;*

5° *Détermination des dimensions intérieures et des conditions de chargement à adopter pour obtenir avec la même poudre, dans des pièces de calibres différents, une vitesse initiale et une pression maximum données.*

48. *Notations adoptées :*

c,   calibre.

p,   poids du projectile.

u,   longueur de parcours.

s,   volume de la chambre à poudre.

ϖ,   poids de la charge.

Δ,   densité de chargement.

α, β, caractéristiques de la poudre.

v,   vitesse initiale.

P,   pression maximum sur le projectile.

P_0,   pression maximum sur la culasse.

49. *Unités adoptées :* décimètre, kilogramme, seconde. — Par suite du choix des unités, on doit diviser par 10 les valeurs calculées de v pour exprimer les vitesses en mètres, et par 100 les valeurs calculées de P et P_0 pour exprimer les pressions en kilogrammes par centimètre carré.

Inversement, on doit multiplier par 10 les vitesses exprimées en mètres, et par 100 les pressions exprimées en kilogrammes par centimètre carré, avant d'introduire leurs valeurs dans les formules.

50. *Observations générales.* — Les calculs qui suivent supposent la force de la poudre égale à l'unité. Quand la solution d'un problème comprend la détermination de la poudre, nous adoptons le grain cubique. Dans cette hypothèse, les coefficients a, λ, dont les caractéristiques dépendent suivant les relations

$$\alpha = \left(\frac{fa}{\tau}\right)^{\frac{1}{2}}, \quad \beta = \frac{\lambda}{\tau},$$

sont respectivement égaux à 3 et 1, et la valeur de τ, durée de la combustion du grain, est l'inconnue que font connaître les formules.

Quand la forme du grain n'est pas cubique, les formules conduisent à une valeur τ' différente de τ; mais il est généralement inutile, en pratique, de calculer directement τ' quand un calcul préalable a fait connaître τ. Il suffit de déterminer τ' par la condition que la caractéristique α ait la même valeur pour le grain cubique et pour le grain non cubique, c'est-à-dire de poser la relation

$$\frac{fa}{\tau'} = \frac{f \times 3}{\tau},$$

d'où l'on tire

$$(71) \qquad\qquad \tau' = \frac{a}{3}\tau.$$

On sait que, par suite de cette condition, la substitution d'un grain quelconque au grain cubique conserve la pression maximum et augmente la vitesse. Par conséquent, la solution qui en résulte pour le problème que l'on a en vue est généralement plus avantageuse que celle que donnerait le grain cubique, et on peut l'a dopter sans s'astreindre à réaliser rigoureusement la valeur de la vitesse.

51. Après que le calcul a fait connaître la valeur qu'il est nécessaire de donner à la durée de combustion pour que la vitesse et la pression aient, chacune, une valeur donnée, il reste à déterminer le signalement de la poudre qui permet de réaliser cette durée de combustion.

On y parviendrait sûrement si l'on connaissait, pour chaque mode de fabrication, la relation existant entre la durée de combustion du grain, son épaisseur et la densité de sa matière. On déduirait, en effet, de cette relation, pour une valeur assignée de la durée de combustion et pour une valeur convenablement choisie de la densité, l'épaisseur à donner au grain.

Malheureusement, cette relation, sans doute fort complexe et dont la détermination ne peut être qu'empirique, est encore inconnue. A défaut de données plus précises, nous avons proposé, dans un travail précédent (p. 13), d'admettre provisoirement la relation

$$\tau = K \left(\frac{e}{1,875 - \delta} \right)^{\frac{1}{2}},$$

dans laquelle la constante K varie avec le mode de fabrication. Nous avons donné, dans le même travail, les valeurs de cette constante pour les trois catégories des poudres usuelles, savoir :

$$1^{\circ} \text{ Poudres W} \dots\dots\dots\dots\dots\dots\dots\dots 0,915$$
$$2^{\circ} \text{ Poudres C et SP} \dots\dots\dots\dots\dots\dots 0,665$$
$$3^{\circ} \text{ Poudre AS } \tfrac{30}{40} \dots\dots\dots\dots\dots\dots 0,860$$

(l'unité de longueur étant le décimètre).

En admettant cette relation, l'épaisseur à donner au grain se calcule par la formule très simple

$$(72) \qquad e = (1,875 - \delta) \left(\frac{\tau}{K} \right)^{2}.$$

52. On peut encore opérer autrement quand la poudre qui donne la solution du problème ne s'éloigne pas beaucoup des types

actuellement en service. La valeur de τ étant calculée, en supposant le grain cubique, on cherche la caractéristique α correspondante par la formule $\alpha = \left(\dfrac{3}{\tau}\right)^{\frac{1}{2}}$, et on compare sa valeur à celles qui correspondent aux poudres usuelles d'après la colonne (4) du Tableau I (p. 93), qui présente les caractéristiques de ces poudres rangées par ordre de grandeur. Si la valeur trouvée pour α est comprise entre deux des chiffres de ce Tableau, on en conclut que la poudre à adopter est, par rapport aux poudres correspondantes, une poudre *intermédiaire*, et ce renseignement suffira en général pour la caractériser au point de vue de la fabrication.

Dans un grand nombre de cas, on pourra adopter celle des poudres usuelles dont la poudre théorique se rapproche le plus, et réaliser les effets voulus en modifiant légèrement les conditions théoriques du chargement.

Ces préliminaires étant posés, voici quelques applications numériques.

53. PROBLÈME I. — *Connaissant c, u, p, ϖ, Δ, calculer les valeurs de v, P, P_0 obtenues avec une poudre dont les caractéristiques sont α, β.*

1° Calcul de v. — La formule à employer est la formule (1), que nous reproduisons ci-dessous avec les valeurs numériques des constantes :

$$(73) \quad \begin{cases} v = A\alpha(\varpi u)^{\frac{3}{8}} \left(\dfrac{\Delta}{pc}\right)^{\frac{1}{4}} (1 - \gamma), \\[2ex] \gamma = B\beta \dfrac{(pu)^{\frac{1}{2}}}{c}, \\[2ex] \log A = 3{,}16767, \\[1ex] \log B = \bar{2}{,}18373. \end{cases}$$

Les valeurs de α, β sont données, pour les poudres usuelles, par le Tableau I (p. 93).

On doit calculer d'abord la valeur de γ. Si cette valeur est inférieure à $0{,}273$, la formule qui donne v est effectivement applicable; si la valeur de γ est supérieure à $0{,}273$, la formule ci-dessus doit être remplacée par la suivante :

$$(74) \quad \left\{ \begin{array}{l} v = M\,\alpha\beta^{-\frac{3}{8}} \dfrac{\varpi^{\frac{3}{8}}\,\Delta^{\frac{1}{4}}\,c^{\frac{1}{8}}\,u^{\frac{3}{16}}}{p^{\frac{7}{16}}}, \\[2em] \log M = 3,49425. \end{array} \right.$$

Les valeurs de $\alpha\beta^{-\frac{3}{8}}$ relatives aux poudres usuelles sont également données par le Tableau I (p. 93).

2° Calcul de P. — (Pression maximum sur le projectile).

$$(75) \quad \left\{ \begin{array}{l} P = K\alpha^2 \dfrac{\Delta(p\varpi)^{\frac{1}{2}}}{c^2}, \\[2em] \log K = 3,96197. \end{array} \right.$$

3° Calcul de P_0. — (Pression maximum sur la culasse).

$$(76) \quad \left\{ \begin{array}{l} P_0 = K_0\alpha^2 \dfrac{\Delta\varpi^{\frac{3}{4}}p^{\frac{1}{4}}}{c^2}, \\[2em] \log K_0 = 4,25092. \end{array} \right.$$

Les valeurs numériques de α^2 sont données, pour les poudres usuelles, par la colonne (7) du Tableau I.

54. *Premier exemple.* — Canon de 90^{mm}.

$$\text{Données...} \left\{ \begin{array}{l} c = 0,91, \quad u = 16,7, \quad s = 2,800, \quad p = 8, \\ \varpi = 2,400, \quad \Delta = 0,857, \\ \text{Poudre } SP_1. \end{array} \right.$$

<table>
<tr><td colspan="2" align="center">Calcul de γ
[formule (73)].</td><td colspan="2" align="center">Calcul de v
[formule (73)].</td></tr>
<tr><td>$\log B$</td><td>$= \bar{2},18373$</td><td>$\log A$</td><td>$= 3,16767$</td></tr>
<tr><td>$\log \beta$</td><td>$= 0,07871$</td><td>$\log \alpha$</td><td>$= 0,27926$</td></tr>
<tr><td>$\log p^{\frac{1}{2}}$</td><td>$= 0,45154$</td><td>$\log \varpi^{\frac{3}{8}}$</td><td>$= 0,14258$</td></tr>
<tr><td>$\log u^{\frac{1}{2}}$</td><td>$= 0,61136$</td><td>$\log \Delta^{\frac{1}{4}}$</td><td>$= \bar{1},98324$</td></tr>
<tr><td>$\log c^{-1}$</td><td>$= 0,04096$</td><td>$\log u^{\frac{3}{8}}$</td><td>$= 0,45852$</td></tr>
<tr><td>$\log \gamma$</td><td>$= \bar{1},36630$</td><td>$\log p^{-\frac{1}{4}}$</td><td>$= \bar{1},77423$</td></tr>
<tr><td>γ</td><td>$= 0,23244$</td><td>$\log c^{-\frac{1}{4}}$</td><td>$= 0,01024$</td></tr>
<tr><td>$1 - \gamma$</td><td>$= 0,76756$</td><td>$\log(1-\gamma)$</td><td>$= \bar{1},88511$</td></tr>
<tr><td></td><td></td><td>$\log v$</td><td>$= 3,70085$</td></tr>
</table>

Calcul de P
[formule (75)].

$\log K \ = 3,96197$
$\log \alpha^2 = 0,55853$
$\log \Delta \ = \overline{1},93298$
$\log \varpi^{\frac{1}{2}} = 0,19011$
$\log p^{\frac{1}{2}} = 0,45154$
$\log c^{-2} = 0,08192$
$\log P \ = \overline{5,17705}$

Calcul de P_0
[formule (76)].

$\log K_0 = 4,25092$
$\log \alpha^2 = 0,55853$
$\log \Delta \ = \overline{1},93298$
$\log \varpi^{\frac{3}{4}} = 0,28516$
$\log p^{\frac{1}{4}} = 0,22577$
$\log c^{-2} = 0,08192$
$\log P_0 = \overline{5,33528}$

Résultats : $v = 502^m,2,$ $P = 1503^{kg},$ $P_0 = 2164^{kg}.$

55. *Second exemple.* — Canon de 95^{mm}.

$$\text{Données...} \begin{cases} c = 0,96, \quad u = 19,6, \quad s = 2,640, \quad p = 10,9, \\ \qquad\quad \varpi = 2,100, \quad \Delta = 0,795, \\ \qquad\qquad\qquad \text{Poudre } C_1. \end{cases}$$

Calcul de γ
[formule (73)].

$\log B \ = \overline{2},18373$
$\log \beta \ = 0,26619$
$\log p^{\frac{1}{2}} = 0,52371$
$\log u^{\frac{1}{2}} = 0,64613$
$\log c^{-1} = 0,01773$
$\log \gamma \ = \overline{1},63749$
$\gamma = 0,43400$

Calcul de v
[formule (74)].

$\log M \quad = 3,49425$
$\log \alpha\beta^{-\frac{3}{8}} = 0,27206$
$\log \varpi^{\frac{3}{8}} \quad = 0,12082$
$\log \Delta^{\frac{1}{4}} \quad = \overline{1},97509$
$\log c^{\frac{1}{8}} \quad = \overline{1},99779$
$\log u^{\frac{3}{16}} \ = 0,24229$
$\log p^{-\frac{7}{16}} = \overline{1,54175}$
$\log v \quad = 3,64405$

Calcul de P
[formule (75)].

$\log K \ = 3,96197$
$\log \alpha^2 = 0,74377$
$\log \Delta \ = \overline{1},90037$
$\log \varpi^{\frac{1}{2}} = 0,16111$
$\log p^{\frac{1}{2}} = 0,52371$
$\log c^{-2} = 0,03546$
$\log P \ = \overline{5,32639}$

Calcul de P_0
[formule (76)].

$\log K_0 = 4,25092$
$\log \alpha^2 = 0,74377$
$\log \Delta \ = \overline{1},90037$
$\log \varpi^{\frac{3}{4}} = 0,24164$
$\log p^{\frac{1}{4}} = 0,26185$
$\log c^{-2} = 0,03546$
$\log P_0 = \overline{5,43401}$

Résultats : $v = 440^m,6,$ $P = 2120^{kg},$ $P_0 = 2717^{kg}.$

56. Problème II. — *Déterminer les caractéristiques d'une poudre.*

Nous avons remarqué, dans un autre travail (¹), que les caractéristiques d'une poudre sont déterminées quand on connaît les vitesses données par cette poudre dans *deux* conditions de tir distinctes. Quand, de plus, la forme du grain est bien définie, on déduit des caractéristiques la force de la poudre et la durée de combustion (²).

Mais quand la composition de la poudre et son mode de fabrication sont tels que l'on puisse considérer la force comme connue, une seule épreuve suffit à la détermination des caractéristiques.

En effet, ces caractéristiques ont pour valeurs

$$\alpha = \left(\frac{fa}{\tau}\right)^{\frac{1}{2}}, \quad \beta = \frac{\lambda}{\tau}.$$

Si donc on admet que la valeur de f puisse être réduite à sa valeur normale égale à l'unité et que les nombres a, λ soient connus, il suffit de connaître τ.

On y parvient en mesurant la vitesse dans une condition de tir et en déduisant, de la relation qui exprime v en fonction des éléments du tir supposés connus et de τ, la valeur de cette inconnue.

Cette relation est donnée, suivant les cas, par les formules (73) ou (74), lesquelles, en remplaçant α, β par leurs valeurs et supposant $f = 1$, deviennent

$$(77) \qquad v = A\left(\frac{a}{\tau}\right)^{\frac{1}{2}}(\varpi u)^{\frac{3}{8}}\left(\frac{\Delta}{pc}\right)^{\frac{1}{4}}\left[1 - B\frac{\lambda}{\tau}\frac{(pu)^{\frac{1}{2}}}{c}\right],$$

$$(78) \qquad v = M\left(\frac{a}{\tau}\right)^{\frac{1}{2}}\left(\frac{\lambda}{\tau}\right)^{\frac{3}{8}}\frac{\varpi^{\frac{3}{8}}\Delta^{\frac{1}{4}}c^{\frac{1}{8}}u^{\frac{3}{16}}}{p^{\frac{7}{16}}},$$

57. La seconde de ces équations se résout aisément par rapport à τ. En posant

$$(79) \qquad X = \frac{M\varpi^{\frac{3}{8}}\Delta^{\frac{1}{4}}c^{\frac{1}{8}}u^{\frac{3}{16}}}{vp^{\frac{7}{16}}},$$

(¹) *Mémorial de l'Artillerie de la Marine* : t. V, p. 143.
(²) *Loc. cit.,* p. 146.

on en déduit immédiatement

$$(80) \qquad \tau = a^4 \lambda^{-3} X^8.$$

L'équation (77), au contraire, n'est pas résoluble. On ignore d'ailleurs à priori, quand on tire une poudre non encore définie dans une arme quelconque, laquelle des deux formules est applicable à la représentation de la vitesse mesurée. On écarte toute difficulté et on parvient, dans tous les cas, à la détermination de l'inconnue en opérant comme il suit.

58. Rappelons d'abord que la formule (78) est applicable quand la valeur numérique de la quantité

$$(81) \qquad \gamma = B \frac{\lambda}{\tau} \frac{(pu)^{\frac{1}{2}}}{c}$$

est supérieure à $0,273$. Dans le cas contraire, il faut recourir à la formule (77). D'ailleurs les deux formules, se substituant l'une à l'autre avec continuité, donnent des résultats peu différents dans le voisinage des conditions qui rendent γ égal à $0,273$.

Cela posé, pour déterminer la durée de combustion d'une poudre par son tir dans une arme quelconque, on applique d'abord la formule (80) et on calcule, avec la valeur qu'elle donne pour τ, la valeur de γ. Si celle-ci est supérieure à $0,273$, on en conclut que la formule monôme était effectivement applicable, et la valeur de τ doit être admise.

Si γ est inférieur à $0,273$, c'est l'équation (77) qui est applicable, et la valeur trouvée pour τ n'est qu'approchée. Désignons par τ_0 la valeur approchée et par τ la valeur exacte.

En substituant τ_0 dans le second membre de l'équation (77), on trouve une valeur v_0 peu différente de la valeur mesurée v.

D'ailleurs l'équation (77) est de la forme

$$v = f(\tau),$$

et l'on peut écrire, en développant le second membre par la série de Taylor,

$$v = f(\tau_0) + (\tau - \tau_0) f'(\tau_0) + \dots$$

En limitant le développement à ses deux premiers termes et remarquant que $f(\tau_0) = v_0$, on a sensiblement

$$(82) \qquad \tau - \tau_0 = \frac{v - v_0}{f'(\tau_0)}.$$

Dans cette expression, $f'(\tau_0)$ est la dérivée $\dfrac{dv}{d\tau}$ où l'on remplace τ par τ_0. Or, d'après la formule (29) du Chapitre III, on a

$$\frac{dv}{d\tau} = - n \frac{v}{\tau},$$

la valeur de n étant donnée en fonction du module x par la relation (15)

$$n = \frac{3}{2} \frac{1 - \dot{x}}{3 - x}.$$

Enfin, d'après l'équation (10), le module x et γ sont liés par la relation $x = 3\gamma$.

Il en résulte que l'on a

$$f'(\tau_0) = - \frac{1}{2} \frac{v_0(1 - 3\gamma)}{\tau_0(1 - \gamma)},$$

et par suite

$$(83) \qquad \tau - \tau_0 = - 2 \frac{\tau_0(1 - \gamma)}{v_0(1 - 3\gamma)} (v - v_0).$$

Cette relation donne généralement une approximation suffisante.

59. *Premier exemple.* — Détermination de τ pour la poudre SP$_1$ par le tir dans le canon de 155^{mm}.

$$\text{Données...} \begin{cases} c = 1,56, \quad u = 32,2, \quad s = 12,80, \quad p = 40, \\ \varpi = 8,750, \quad \Delta = 0,684, \quad v = 459^m, \\ a = 2,584, \quad \lambda = 0,856. \end{cases}$$

Calcul de X [formule (79)].	Calcul de τ [formule (80)].	Calcul de γ [formule (81)].
$\log M = 3,49425$	$\log a^4 = \bar{1},64916$	$\log B = \bar{2},18373$
$\log \varpi^{\frac{3}{8}} = 0,35325$	$\log \lambda^{-3} = 0,20259$	$\log \lambda = \bar{1},92347$
$\log \Delta^{\frac{1}{4}} = \bar{1},95876$	$\log X^8 = \bar{2},00328$	$\log p^{\frac{1}{2}} = 0,75393$
$\log c^{\frac{1}{8}} = 0,02414$	$\log \tau = \bar{1},85403$	$\log u^{\frac{1}{2}} = 0,80103$
$\log u^{\frac{3}{16}} = 0,28272$		$\log \tau^{-1} = 0,14597$
$\log p^{-\frac{7}{16}} = \bar{1},29910$	$\tau = 0,715$	$\log c^{-1} = \bar{1},80688$
$\log v^{-1} = \bar{4},33819$		$\log \gamma = 0,62401$
$\log X = \bar{1},75041$		$\gamma = 0,42074$

La valeur de γ étant supérieure à $0,273$, la valeur $\tau = 0,715$ doit être admise.

60. *Second exemple.* — Détermination de τ pour la poudre SP_1 par le tir dans le canon de 90^{mm}.

$$\text{Données...} \left\{ \begin{array}{l} c = 0,91, \quad u = 16,7, \quad s = 2,800, \quad p = 8, \\ \varpi = 2,400, \quad \Delta = 0,857, \quad v = 502^m,2, \\ a = 2,584, \quad \lambda = 0,856. \end{array} \right.$$

<table>
<tr><td colspan="2">Calcul de X
[formule (79)].</td><td colspan="2">Calcul de τ_0
[formule (80)].</td><td colspan="2">Calcul de γ
[formule (81)].</td></tr>
<tr><td>$\log M$</td><td>$= 3,49425$</td><td>$\log a^4$</td><td>$= 1,64916$</td><td>$\log B$</td><td>$= \bar{2},18373$</td></tr>
<tr><td>$\log \varpi^{\frac{5}{3}}$</td><td>$= 0,14258$</td><td>$\log \lambda^{-3}$</td><td>$= 0,20259$</td><td>$\log \lambda$</td><td>$= \bar{1},93247$</td></tr>
<tr><td>$\log \Delta^{\frac{1}{4}}$</td><td>$= \bar{1},98324$</td><td>$\log X^8$</td><td>$= \underline{3,98584}$</td><td>$\log p^{\frac{1}{2}}$</td><td>$= 0,45154$</td></tr>
<tr><td>$\log c^{\frac{1}{8}}$</td><td>$= \bar{1},99488$</td><td>$\log \tau_0$</td><td>$= \bar{1},83759$</td><td>$\log u^{\frac{1}{2}}$</td><td>$= 0,61136$</td></tr>
<tr><td>$\log u^{\frac{3}{16}}$</td><td>$= 0,22926$</td><td></td><td></td><td>$\log c^{-1}$</td><td>$= 0,04096$</td></tr>
<tr><td>$\log p^{-\frac{7}{16}}$</td><td>$= \bar{1},60490$</td><td>τ_0</td><td>$= 0,688$</td><td>$\log \tau_0^{-1}$</td><td>$= 0,16241$</td></tr>
<tr><td>$\log v^{-1}$</td><td>$= \bar{4},29912$</td><td></td><td></td><td>$\log \gamma$</td><td>$= \overline{\bar{1},38247}$</td></tr>
<tr><td>$\log X$</td><td>$= \overline{\bar{1},74823}$</td><td></td><td></td><td>γ</td><td>$= 0,24125$</td></tr>
<tr><td></td><td></td><td></td><td></td><td>$1 - \gamma$</td><td>$= 0,75875$</td></tr>
</table>

<table>
<tr><td colspan="2">Calcul de v_0
[formule (73)].</td><td colspan="2">Calcul de $\tau - \tau_0$
[formule (83)].</td></tr>
<tr><td>$\log A$</td><td>$= 3,16767$</td><td>$\log 2$</td><td>$= 0,30103$</td></tr>
<tr><td>$\log a^{\frac{1}{2}}$</td><td>$= 0,20614$</td><td>$\log \tau_0$</td><td>$= \bar{1},83759$</td></tr>
<tr><td>$\log \varpi^{\frac{3}{8}}$</td><td>$= 0,14258$</td><td>$\log(1 - \gamma)$</td><td>$= \bar{1},88010$</td></tr>
<tr><td>$\log \Delta^{\frac{1}{4}}$</td><td>$= \bar{1},93224$</td><td>$\log v_0^{-1}$</td><td>$= \bar{4},29607$</td></tr>
<tr><td>$\log u^{\frac{3}{8}}$</td><td>$= 0,45852$</td><td>$\log(1 - 3\gamma)^{-1}$</td><td>$= 0,55870$</td></tr>
<tr><td>$\log p^{-\frac{1}{4}}$</td><td>$= \bar{1},77423$</td><td>$\log(v_0 - v)$</td><td>$= \underline{1,55630}$</td></tr>
<tr><td>$\log c^{-\frac{1}{4}}$</td><td>$= 0,01024$</td><td>$\log(\tau - \tau_0)$</td><td>$= \bar{2},42979$</td></tr>
<tr><td>$\log(1 - \gamma)$</td><td>$= \bar{1},88010$</td><td>$\tau - \tau_0$</td><td>$= 0,027$</td></tr>
<tr><td>$\log \tau_0^{-\frac{1}{2}}$</td><td>$= \underline{0,08121}$</td><td>$\tau_0$</td><td>$= 0,688$</td></tr>
<tr><td>$\log v_0$</td><td>$= 3,70393$</td><td>τ</td><td>$= \underline{0,715}$</td></tr>
<tr><td>v_0</td><td>$= 5058$</td><td></td><td></td></tr>
</table>

La valeur de γ étant inférieure à $0,273$, la valeur de τ, calculée par la formule (80), doit être considérée comme première approximation, et la valeur exacte s'obtient ainsi qu'il a été dit au n° 58.

61. PROBLÈME III. — *Étude d'une bouche à feu existante.*

Dans les conditions de chargement qui ont été adoptées pour la plupart des bouches à feu de l'armement, la charge ne remplit pas en général la chambre à poudre.

On peut donc augmenter la charge et, par cette augmentation combinée avec l'emploi d'une poudre plus lente, il est possible d'accroître la vitesse sans changer la pression maximum. L'amélioration qui en résulte est limitée par la valeur du module qui, d'après les considérations du n° 28, ne doit pas dépasser $\frac{6}{10}$.

Pour apprécier les effets balistiques qu'il est possible d'obtenir dans une bouche à feu existante, avec une pression maximum déterminée et une valeur du module comprise entre des limites données, il suffit d'opérer comme il suit.

62. Soit P_0 la pression à la culasse que l'on se propose d'obtenir, en ayant égard à la résistance de la pièce. La relation (14), où l'on remplace préalablement Δ par $\frac{\varpi}{s}$, donne ϖ en fonction de P_0 et du module x. En attribuant à x des valeurs décroissant, par degrés égaux à $0,1$, par exemple, à partir de la limite supérieure du module, on a différentes valeurs de la charge réalisant, avec des poudres de plus en plus lentes, la même pression maximum.

La formule (12) fait connaître les valeurs correspondantes de la vitesse.

Enfin, la relation (9), résolue par rapport à τ, donne les valeurs corrélatives de la durée de combustion et détermine, par suite, la poudre.

La plus petite valeur à donner au module est, suivant la capacité de la chambre à poudre, soit la limite $\frac{6}{10}$, soit la valeur supérieure à $\frac{6}{10}$ correspondant au maximum de la densité de chargement, lequel peut, en pratique, être supposé égal à l'unité.

63. Le système des formules à employer est le suivant :

$$(84) \quad \begin{cases} \varpi^{\frac{7}{4}} = A_1 \left(\dfrac{fa}{\lambda}\right)^{-1} scu^{\frac{1}{2}} p^{\frac{1}{4}} P_0 \dfrac{1}{x}, \\[2em] v = A_2 \left(\dfrac{fa}{\lambda}\right)^{\frac{1}{2}} \cdot \dfrac{\varpi^{\frac{3}{8}} \Delta^{\frac{1}{4}} c^{\frac{1}{4}} u^{\frac{1}{8}}}{p^{\frac{1}{2}}} f(x), \\[2em] \tau = A_3 \, \lambda \cdot \dfrac{(pu)^{\frac{1}{2}}}{c} \dfrac{1}{x}, \end{cases}$$

les logarithmes des coefficients étant

$$\log A_1 = \bar{6}, 40993,$$
$$\log A_2 = 3, 66116,$$
$$\log A_3 = \bar{2}, 66085;$$

les valeurs numériques de $f(x)$ et de $\dfrac{1}{x}$ sont données par le Tableau V (p. 98).

Voici maintenant quelques exemples de l'emploi de ces formules.

64. *Premier exemple.* — Canon de 24^{cm} de la Marine, modèle 1870.

Données : $\begin{cases} c = 2,42, \quad u = 38,2, \quad s = 35,0, \quad p = 144, \\ a = 3, \quad \lambda = 1, \quad P_0 = 2500 \,(^1). \end{cases}$

Le Tableau ci-après fait connaître les valeurs de ϖ, v, τ calculées comme il vient d'être dit, pour des valeurs de x décroissant, par degrés égaux à $0,1$, à partir de $1,2\,(^2)$.

x.	ϖ.	Δ.	v.	τ.	$\log \alpha$.
1,2	27,19	0,777	436,2	1,170	0,20453
1,1	28,57	0,816	444,1	1,276	0,18563
1,0	30,17	0,862	455,0	1,403	0,16494
0,9	32,04	0,915	466,4	1,560	0,14206
0,8	34,27	0,979	479,1	1,574	0,11648

(¹) Kilogrammes par centimètre carré.

(²) La valeur $1,2$ excède notablement la valeur $\frac{9}{11}$ qu'il conviendrait, à notre avis, d'admettre comme limite supérieure du module : elle correspond à l'emploi

La dernière colonne de ce Tableau comprend les logarithmes de la première caractéristique $\alpha = \left(\dfrac{3}{\tau}\right)^{\frac{1}{2}}$. La comparaison des valeurs ainsi calculées avec celles qui correspondent aux poudres usuelles (Tableau I, p. 93) sert, ainsi qu'il a été dit au n° 52, soit à caractériser la poudre à fabriquer pour réaliser exactement l'effet balistique, soit à déterminer celle des poudres en service qui permettrait de l'obtenir approximativement.

On n'a pas inscrit dans le Tableau les résultats relatifs à $x = 0,7$, parce que la densité correspondante du chargement est supérieure à l'unité.

Les conditions de chargement correspondant à $x = 1,1$ sont à très peu près celles qui avaient été primitivement adoptées; elles donnent 444^m de vitesse. On voit qu'en portant la charge à 34^{kg} environ, on peut obtenir une vitesse voisine de 480^m sans changer la pression. La valeur de $\log \alpha$ montre que la poudre permettant d'avoir ce résultat ne diffère pas beaucoup de SP_3.

Cette vitesse de 480^m doit d'ailleurs être considérée comme la plus grande que puisse donner la pièce avec son tracé actuel et dans les conditions actuelles de sa résistance. Pour la dépasser, il serait nécessaire d'agrandir la chambre, de manière à pouvoir employer une charge plus forte avec une poudre plus lente.

65. *Deuxième exemple.* — Canon de 155^{mm}.

Données : $\begin{cases} c = 1,56, \quad u = 32,2, \quad s = 12,8, \quad p = 40, \\ a = 3, \quad \lambda = 1, \quad P_0 = 2250. \end{cases}$

x.	ϖ.	Δ.	v.	τ.	$\log \alpha$.
1,2	8,89	0,695	464,2	0,878	0,26680
1,1	9,34	0,730	473,6	0,958	0,24791
1,0	9,87	0,771	484,3	1,054	0,22721
0,9	10,62	0,819	496,3	1,171	0,20433
0,8	11,20	0,875	509,7	1,317	0,17876
0,7	12,10	0,945	523,1	1,505	0,14976

d'une poudre beaucoup trop vive. Nous avons cependant, dans cet exemple et dans les suivants, porté à 1,2 la limite supérieure de x, afin de faire rentrer, dans les calculs, des conditions de tir réellement existantes.

Les chiffres relatifs à $x = 1,2$ sont, à très peu près, ceux que l'on réalise aujourd'hui avec la poudre SP_1.

Ceux qui correspondent à $x = 0,9$ sont à très peu près réalisables avec la poudre SP_2.

Pour obtenir une vitesse de 520^m environ, laquelle, avec le tracé actuel, est la plus grande qui soit compatible avec une pression maximum de 2250^{kg} par centimètre carré, il faudrait employer une poudre spéciale comprise entre SP_2 et SP_3.

66. *Troisième exemple.* — Canon de 120^{mm}.

Données :
$$\begin{cases} c = 1,21, \quad u = 24,8, \quad s = 6,045, \quad p = 18, \\ a = 3, \quad \lambda = 1, \quad P_0 = 2250. \end{cases}$$

x.	ϖ.	Δ.	v.	τ.	$\log \alpha$.
1,2	4,147	0,686	470,8	0,666	0,32669
1,1	4,359	0,721	480,4	0,727	0,30780
1,0	4,602	0,761	491,1	0,800	0,28710
0,9	4,888	0,809	503,3	0,888	0,26422
0,8	5,228	0,865	517,2	1,000	0,23865
0,7	5,642	0,934	530,5	1,142	0,20965

La vitesse de 530^m, correspondant à $x = 0,7$, est à très peu près réalisable avec SP_2.

67. *Quatrième exemple.* — Canon de 90^{mm}.

$$c = 0,91, \quad u = 16,7 \quad s = 2,8, \quad p = 8,$$
$$a = 3, \quad \lambda = 1, \quad P_0 = 2250.$$

x.	ϖ.	Δ.	v.	τ.	$\log \alpha$.
1,2	1,806	0,645	451,3	0,485	0,39579
1,1	1,898	0,678	460,4	0,529	0,37690
1,0	2,004	0,716	470,8	0,582	0,35620
0,9	2,129	0,760	482,4	0,646	0,33332
0,8	2,277	0,813	495,7	0,727	0,30775
0,7	2,457	0,877	508,5	0,831	0,27875
0,6	2,677	0,957	515,8	0,970	0,24578

La solution $x = 1,1$ correspond sensiblement à l'emploi, actuellement réglementaire, de la poudre C_1; la solution $x = 0,7$ peut être réalisée par la poudre SP_1. Pour obtenir une vitesse de 516^m environ, il faudrait une poudre spéciale comprise entre SP_1 et SP_2.

68. Les Tableaux qui précèdent font connaître les conditions dans lesquelles on peut employer une poudre existante, dans une bouche à feu déterminée, avec une valeur donnée de la pression maximum.

Exemple : emploi de la poudre C_2 dans le canon de 90^{mm}, avec une pression maximum de 2250^{kg} par centimètre carré. Le Tableau I (page 93) donne pour la poudre C_2 : $\log \alpha = 0,32997$. D'après le Tableau du n° 67, cette valeur de $\log \alpha$ est comprise entre celles qui, dans le canon de 90^{mm}, correspondent aux valeurs $0,9$ et $0,8$ du module. Par suite, la poudre C_2 doit être employée à une charge comprise entre $2,129$ et $2,277$, donnant une vitesse comprise entre 482 et 496^m.

69. PROBLÈME IV. — *Déterminer les dimensions intérieures, les conditions de chargement et la poudre à adopter pour obtenir, avec des valeurs déterminées du calibre et du poids du projectile, une vitesse initiale et une pression maximum données.*

Les formules à employer sont les relations (45), (46) et (47), que nous reproduisons ci-après, savoir :

$$(85) \quad \begin{cases} \left(\dfrac{\varpi}{p}\right)^{\frac{9}{8}} = K_1 \left(\dfrac{fa}{\lambda}\right)^{-\frac{3}{2}} \dfrac{v^2\, P_0^{\frac{1}{2}}}{\Delta}\, \varphi(x), \\[2em] \dfrac{u}{c} = K_2 \left(\dfrac{fa}{\lambda}\right)^{\frac{1}{2}} \dfrac{\Delta p v^2}{c^3 P_0^{\frac{3}{2}}} \left(\dfrac{\varpi}{p}\right)^{\frac{3}{8}} \psi(x), \\[2em] \tau = K_3 \lambda\, \dfrac{(pu)^{\frac{1}{2}}}{c}\, \dfrac{1}{x}, \end{cases}$$

les logarithmes des coefficients étant

$$\log K_1 = \overline{1}\overline{1},88266,$$
$$\log K_2 = 1,06279,$$
$$\log K_3 = \overline{2},66085.$$

Une Table des valeurs numériques des fonctions $\varphi(x)$ et $\psi(x)$ a été donnée précédemment : nous reproduisons cette Table dans le Tableau V de la page 98, qui renferme ainsi tous les éléments nécessaires aux applications numériques.

70. Pour se servir des formules (85), on considère comme données : $c, p, v, \mathrm{P}_0, \Delta$.

On choisit la forme du grain, ce qui détermine a et λ. La valeur de f sera, en général, réduite à l'unité.

Cela fait, on attribue diverses valeurs au module; à chacune de ces valeurs correspond une solution du problème caractérisée par les valeurs trouvées pour $\dfrac{\varpi}{p}$, $\dfrac{u}{c}$ et τ.

Les valeurs qu'il y aura lieu généralement d'attribuer au module sont les suivantes :

$$0,9, \quad 0,8, \quad 0,7.$$

En adoptant l'échelle proposée au n° **12**, ces valeurs correspondent à l'emploi d'une poudre *vive*, d'une poudre *moyenne* et d'une poudre *lente*.

On choisira entre ces trois solutions celle qui convient le mieux aux conditions de service de la pièce projetée.

Nous donnons, ci-après, des exemples de ces calculs.

Dans ces applications, le grain est supposé cubique. Il suffit, pour passer de cette forme de grain à une autre, d'avoir égard aux observations du n° **50**.

71. *Premier exemple.* — Canon de 90^{mm}.

Données : $c = 0,91$, $\quad p = 8$, $\quad v = 450^{\mathrm{m}}$, $\quad \mathrm{P}_0 = 2000^{\mathrm{kg}}$, $\quad \Delta = 0,950$.

x.	$\dfrac{\varpi}{p}$.	$\dfrac{u}{c}$.	τ.	$\log \alpha$.
0,9	0,183	20,70	0,666	0,32026
0,8	0,198	18,41	0,728	0,30743
0,7	0,219	17,21	0,805	0,28569

La solution $x = 0,9$ correspond à l'emploi de la plus faible charge. Si on l'adopte, on a

$$\varpi = 1^{kg},464, \quad u = 18^{dm},8.$$

La poudre à employer est très voisine de C_2.

72. *Second exemple.* — Canon de 42^{cm}.

Données : $c = 4,2, \quad p = 780, \quad v = 500^m, \quad P_0 = 2500^{kg}, \quad \Delta = 0,950.$

x.	$\dfrac{\varpi}{p}$.	$\dfrac{u}{c}$.	τ.	$\log \alpha$.
0,9	0,244	20,19	3,115	$\bar{1},99177$
0,8	0,264	17,95	3,306	$\bar{1},97894$
0,7	0,291	15,94	3,560	$\bar{1},96282$

En adoptant la solution $x = 0,8$, correspondant à l'emploi d'une poudre moyenne, on trouve $\varpi = 205^{kg}$, $u = 75^{dm},4$. Il n'existe aucune poudre usuelle qui puisse être utilisée dans ces conditions; une poudre spéciale serait donc nécessaire.

Pour avoir une idée de l'épaisseur qu'il faudrait donner au grain de cette poudre, on peut se servir de la formule (72). Supposons que la fabrication adoptée soit celle de la poudre $AS(\frac{30}{40})$ et que la densité soit fixée à $1,830$.

La formule (72) donne, en supposant $K = 0,860$, $\delta = 1,830$, $\tau = 3,306$,

$$e = 0,664.$$

L'unité est le décimètre; on serait donc conduit à adopter un grain cubique de 66^{mm} environ. L'emploi de poudres à trituration très réduite permettrait sans doute, en donnant à K de plus grandes valeurs, de réaliser la poudre nécessaire avec des densités plus faibles et des épaisseurs moindres.

La solution des questions similaires des précédentes peut être facilitée par l'emploi de Tables; nous reviendrons sur ce point dans un travail spécial.

73. Problème V. — *Déterminer les dimensions intérieures et les conditions de chargement à adopter, dans des pièces de calibres différents, pour obtenir, avec des projectiles de poids déterminés et en employant la même poudre, une vitesse initiale et une pression maximum données.*

Considérons deux bouches à feu de calibres différents c et c'; soient p et p' les poids des projectiles. Désignons par v et P_0 la vitesse initiale et la pression maximum à la culasse que l'on se propose d'obtenir dans les deux armes.

On se donne d'abord, pour le calibre c, la densité de chargement et le module x, et on détermine par les formules (65) les valeurs de $\frac{\varpi}{p}$, $\frac{u}{c}$ et τ qui, pour ce canon, donnent la solution du problème.

On choisit ensuite, pour le calibre c', la valeur x' du module, et on calcule par les formules (65), (66), (67) les valeurs de $\frac{u'}{c'}$, $\frac{\varpi'}{p'}$, Δ'.

74. La valeur choisie pour le module doit croître avec le calibre. Supposons, en effet, $c' > c$. Les poids des projectiles étant sensiblement proportionnels aux cubes des calibres, les formules (68), (69), (70) sont généralement applicables et, si l'on supposait $x' = x$, ces formules, réduites à

$$\frac{\dfrac{u'}{c'}}{\dfrac{u}{c}} = \left(\frac{c}{c'}\right)^{2}, \quad \frac{\Delta'}{\Delta} = \left(\frac{c}{c'}\right)^{3}, \quad \frac{\dfrac{\varpi'}{p'}}{\dfrac{\varpi}{p}} = \left(\frac{c'}{c}\right)^{\frac{8}{3}},$$

donneraient, pour le calibre c', une valeur Δ' notablement inférieure à Δ et une valeur $\frac{\varpi'}{p'}$ notablement supérieure à $\frac{\varpi}{p}$, qui conduiraient en général à donner à la chambre à poudre une capacité excessive.

Si l'on suppose au contraire $x' > x$, la valeur de Δ' augmente et celle de $\frac{\varpi'}{p'}$ diminue; mais alors la valeur de $\frac{u'}{c'}$ augmente. Or, en fait, la difficulté de réaliser une longueur de parcours considérable par rapport au calibre croît avec le calibre; par suite, une solution par suite de laquelle la valeur de $\dfrac{u'}{c'}$ serait plus grande que celle de $\dfrac{u}{c}$ ne doit pas être considérée comme satisfaisante. On peut donc admettre que la relation $\dfrac{x'}{x} = \dfrac{c'}{c}$ fixe la limite supérieure de x'.

75. *Exemples.* — 1° Supposons $\dfrac{c'}{c} = \dfrac{8}{7}$. En prenant $x = 0,7$ et $x' = 0,8$, la relation $\dfrac{x'}{x} = \dfrac{c'}{c}$ est satisfaite et les formules (68), (69), (70) donnent respectivement

$$\frac{u'}{c'} = \frac{u}{c}, \quad \Delta' = 0,837\,\Delta, \quad \frac{\varpi'}{p'} = 1,061\,\frac{\varpi}{p}.$$

Ce cas se présente, à très peu près, pour les canons de 32^{cm} et 27^{cm}.

2° Supposons $\dfrac{c'}{c} = \dfrac{9}{7}$. En prenant $x = 0,7$ et $x' = 0,9$, la condition $\dfrac{x'}{x} = \dfrac{c'}{c}$ est satisfaite et l'on trouve

$$\frac{u'}{c'} = \frac{u}{c}, \quad \Delta' = 0,702\,\Delta, \quad \frac{\varpi'}{p'} = 1,147\,\frac{\varpi}{p}.$$

Ce cas se présente, à très peu près, pour les canons de 155^{mm} et 120^{mm}.

A la suite de ces considérations générales, nous allons donner une application particulière.

76. *Déterminer les dimensions intérieures et les conditions de chargement à adopter dans des canons de 27^{cm} et 32^{cm} pour obtenir, en employant la même poudre, une vitesse de 535^{m} et une pression maximum de 2400^{kg} par centimètre carré.*

$$\text{Données} \ldots \begin{cases} c = 2,76, \quad p = 216, \\ \qquad\qquad\qquad\qquad v = 535^{m}, \quad \mathrm{P}_0 = 2400^{kg}. \\ c' = 3,22, \quad p' = 345, \end{cases}$$

Le rapport des calibres étant sensiblement $\frac{8}{7}$, on peut, d'après ce qui précède, prendre $x = 0,7$, $x' = 0,8$. En fixant de plus à $0,950$ la densité de chargement dans le canon de 27^{cm}, l'application des formules conduit aux résultats suivants :

1°. Canon de 27^{cm} :

$$\Delta = 0{,}950, \qquad \frac{\varpi}{p} = 0{,}322, \qquad \frac{u}{c} = 20{,}70,$$
$$\varpi = 69{,}6, \qquad u = 57{,}2, \qquad s = 73{,}30;$$

2° Canon de 32^{cm} :

$$\Delta' = 0{,}735, \qquad \frac{\varpi'}{p'} = 0{,}367, \qquad \frac{u'}{c'} = 19{,}76,$$
$$\varpi' = 126{,}6, \qquad u' = 63{,}6, \qquad s' = 172{,}4.$$

La durée de combustion de la poudre à employer dans les deux armes (le grain étant supposé cubique) est $\tau = 2{,}381$.

En supposant que la fabrication soit celle de $AS\left(\frac{30}{40}\right)$ et que la densité soit fixée à $1{,}820$, l'épaisseur du grain, calculée par la formule (72), est de 42^{mm} environ.

TABLEAU I.

Caractéristiques des poudres usuelles.

DÉSIGNATION des poudres.	$a.$	$\lambda.$	$\tau.$	$\log \alpha.$	$\log \beta.$	$\log\left(\alpha\beta^{-\frac{2}{3}}\right)$	$\log \alpha^2.$
	1.	2.	3.	4.	5.	6.	7.
W (13-16) .	2,572	0,851	1,000	0,20513	$\bar{1}$,92993	0,23141	0,41027
W (20-25) .	2,766	0,920	1,292	0,16524	$\bar{1}$,85243	0,22057	0,33049
W (25-30) .	2,814	0,937	1,546	0,13002	$\bar{1}$,78246	0,21161	0,26004
W (32-38) .	2,840	0,945	1,942	0,08254	$\bar{1}$,68719	0,19944	0,16508
C_1	2,832	0,943	0,511	0,37188	0,26619	0,27206	0,74377
C_2	2,532	0,836	0,554	0,32997	0,17868	0,26297	0,65994
SP_1	2,584	0,856	0,714	0,27926	0,07871	0,24974	0,55853
SP_2	2,262	0,734	0,932	0,19244	$\bar{1}$,89610	0,23141	0,38489
SP_3	2,344	0,766	1,423	0,10838	$\bar{1}$,73103	0,20924	0,21676
AS $\left(\frac{30}{40}\right)$	2,600	0,862	1,783	0,08196	$\bar{1}$,68424	0,20037	0,16393

TABLEAU II.

Vérification de la formule binôme de la vitesse initiale.

DÉSIGNATION de la poudre.	DÉSIGNATION du canon.	*c.* 1.	*u.* 2.	*p.* 3.	*ϖ.* 4.	Δ. 5.	VITESSES		DIFFÉRENCES.
							mesurées.	calculées.	
W (13-16).	Canon de 19^{cm}.	dm 1,94	dm 32,9	kg 75	kg 15	0,870	m 448	m 448	//
W (13-16).	Canon de 16^{cm}.	1,66	30,2	45	9,5	0,980	475	474	+1
W (13-16).	Canon de 14^{cm}.	1,41	27,0	21	4,2	0,970	455	461	—6
		//	//	28	4,2	0,970	406	412	—6
		1,41	25,6	21	6,05	1,000	530	527	+3
		//	//	28	6,05	1,000	470	470	//
W (13-16).	Canon de 10^{cm}.	1,00	22,6	12	3,10	0,960	485	485	//
		1,00	21,7	12	4,40	0,997	556	553	+3
		//	//	10	4,40	0,997	594	592	+2
W (20-25).	Canon de 19^{cm}.	1,94	32,9	75	16,4	0,952	470	467	+3
		1,94	30,7	75	22,5	0,939	516	518	—2
		//	//	62,5	22,5	0,939	553	559	—6
W (20-25).	Canon de 16^{cm}.	1,66	28,5	45	14,8	0,912	520	529	—9
W (25-30).	Canon de 24^{cm}.	2,42	35,9	144	41,5	0,894	502	501	+1
		//	//	120	37,0	0,797	501	505	+4
W (25-30).	Canon de 19^{cm}.	1,94	29,5	75	27,4	0,988	535	543	—8
W (32-38).	Canon de 32^{cm}.	3,22	51,6	345	78	0,904	464	467	—3
W (32-38).	Canon de 27^{cm}.	2,76	38,1	216	66,5	0,899	501	498	+3
		//	//	180	59,5	0,804	505	506	—1
C$_1$........	Canon de 80^{mm}.	0,805	9,6	5,6	0,40	0,650	265	263	+2
C$_2$	Canon de 90^{mm}.	0,91	16,7	8	1,9	0,680	448	449	—1
		//	//	//	2,1	0,750	480	478	+2
C$_2$........	Canon de 80^{mm}.	0,805	17,1	5,6	1,3	0,627	442	442	//
		//	//	//	1,6	0,772	508	503	+5
SP$_1$.......	Canon de 120^{mm}	1,21	24,8	18	4,5	0,744	485	480	+5
SP$_1$.......	Canon de 10^{cm}.	1,00	23,6	12	2,2	1,040	459	454	+5
		//	//	10	2,2	1,040	499	494	+5

TABLEAU II (suite).

DÉSIGNATION de la poudre.	DÉSIGNATION du canon.	$c.$ 1.	$u.$ 2.	$p.$ 3.	$\varpi.$ 4.	$\Delta.$ 5.	VITESSES mesurées.	VITESSES calculées.	DIFFÉRENCES.
SP_1.......	Canon de 90^{mm}.	0,91	16,7	8	2,6	0,928	535	528	+7
SP_1.......	Canon de 80^{mm}.	0,805	17,1	5,6	2,0	0,965	565	557	+8
SP_2.......	Canon de 155^{mm}	1,56	32,2	40	9	0,703	450	452	—2
SP_2.......	Canon de 14^{cm}.	1,42	27,0	21	4,1	1,040	460	461	—1
		"	"	28	4,1	1,040	411	413	—2
	Canon de 14^{cm}.	1,41	26,5	21	6,05	1,000	523	522	+2
		"	"	28	6,05	1,000	467	467	"
SP_2.......	Canon de 10^{cm}.	1,00	22,6	12	3,2	0,986	494	490	+4
SP_3.......	Canon de 27^{cm}.	2,76	41,0	216	46	0,859	449	448	+1
SP_3.......	Canon de 24^{cm}.	2,42	38,2	144	32	0,914	456	459	—3
AS ($\frac{10}{40}$)...	Canon de 32^{cm}.	3,22	51,6	345	78	0,904	465	468	—3
AS ($\frac{20}{40}$)...	Canon de 27^{cm}.	2,76	38,1	216	64,5	0,859	490	490	"
AS ($\frac{20}{40}$)...	Canon de 24^{cm}.	2,42	38,2	144	32	0,914	450	448	+2

TABLEAU III.

Données sur les bouches à feu.

DÉSIGNATION du canon.	c.	u.	p.		s.
1° ARTILLERIE DE LA MARINE (modèle 1870).					
Canon de 10^cm..............	1,00	22,6	10	12	3,165
» 14	1,41	27,0	21	28	4,285
» 16	1,66	30,2	//	45	9,695
» 19	1,94	32,9	62,5	75	17,25
» 24	2,42	38,2	120	144	35,00
» 27	2,76	41,0	180	216	52,50
» 32	3,22	51,6	286,5	345	86,25
» 34	3,40	48,3	//	425	132,00
2° ARTILLERIE DE TERRE.					
Canon de 80^mm (montagne)	0,805	9,6	5,6	//	0,615
» 80 (campagne)	0,805	17,1	5,6	//	2,073
» 90	0,91	16,7	8,0	//	2,800
» 95	0,96	19,6	10,9	//	2,640
» 120	1,21	24,8	18,0	//	6,045
» 155	1,56	32,2	40,0	//	12,80
» 190	1,94	30,9	75	//	21,10
» 240	2,42	40,5	120	//	38,05

TABLEAU IV.

Modules des poudres usuelles dans les bouches à feu réglementaires.

1° ARTILLERIE DE LA MARINE (modèle 1870).

DÉSIGNATION du canon.	p.	W(13-16).	W(20-25).	W(25-30).	W(32-38).	AS $\left(\dfrac{30}{40}\right)$.
10^{cm}	10	0,586	//	//	//	//
	12	0,642	//	//	//	//
14	21	0,658	0,551	//	//	//
	28	0,760	0,636	//	//	//
16	45	0,865	0,724	0,616	//	//
19	62,5	0,911	0,760	0,649	0,521	0,517
	75	0,998	0,835	0,711	0,571	0,567
24	120	1,091	0,912	0,776	0,623	0,620
	144	1,195	1,000	0,851	0,683	0,678
27	180	//	1,015	0,864	0,694	0,689
	216	//	1,112	0,946	0,760	0,755
32	286,5	//	//	1,048	0,842	0,836
	345	//	//	1,150	0,924	0,917
34	425	//	//	//	0,939	0,933

2° ARTILLERIE DE TERRE.

DÉSIGNATION. du canon.	p.	C_1.	C_2.	SP_1.	SP_2.	SP_3.
80^{mm} (montagne).	5,6	0,770	0,630	//	//	//
80 (campagne).	5,6	1,028	0,840	0,667	//	//
90	8,0	1,074	0,878	0,697	//	//
95	10,9	1,302	1,064	0,846	0,555	//
120	18	//	1,207	0,959	0,630	//
155	40	//	//	1,263	0,830	0,567
190	75	//	//	//	0,895	0,612
240	120	//	//	//	1,038	0,710

TABLEAU V.

Table des fonctions employées dans l'étude des bouches à feu.

x.	$\log f(x)$.	$\log \varphi(x)$.	$\log \psi(x)$.	$\log \dfrac{1}{x}$.
1,2	0,01501	$\bar{1}$,93039	0,08875	$\bar{1}$,92082
1,1	0,01028	1,95874	0,04152	$\bar{1}$,95861
1,0	0,00511	$\bar{1}$,98978	$\bar{1}$,98978	0,00000
0,9	$\bar{1}$,99939	0,02410	$\bar{1}$,93258	0,04576
0,8	$\bar{1}$,99293	0,06259	$\bar{1}$,86877	0,09691
0,7	$\bar{1}$,98325	0,11095	$\bar{1}$,80115	0,15490
0,6	$\bar{1}$,96825	0,17442	$\bar{1}$,73072	0,22185
0,5	$\bar{1}$,94639	0,25773	$\bar{1}$,65567	0,30103

Paris, 15 juin 1881.

———•———

7748. Paris. — Imprimerie de GAUTHIER-VILLARS, quai des Grands-Augustins, 55.